“地 球”系 列

THE CAVE

洞穴

[英] 拉尔夫·克拉内 丽莎·弗莱彻◎著
刘 娴◎译

上海科学技术文献出版社
Shanghai Scientific and Technological Literature Press

图书在版编目（CIP）数据

洞穴 /（英）拉尔夫·克拉内，（英）丽莎·弗莱彻著；刘娴译．
—上海：上海科学技术文献出版社，2022
（“地球”系列）
ISBN 978-7-5439-8471-4

Ⅰ．①洞…　Ⅱ．①拉…②丽…③刘…　Ⅲ．①溶洞—普及读物　Ⅳ．① P931.5-49

中国版本图书馆 CIP 数据核字（2021）第 223000 号

CAVE

Cave: Nature and Culture by Lisa Fletcher & Ralph Crane was first published by Reaktion Books in the Earth series, London, UK, 2015.

图字：09-2020-503

选题策划：张　树　　　责任编辑：姜　曼
助理编辑：仲书怡　　　封面设计：留白文化

洞　穴
DONGXUE
[英]拉尔夫·克拉内　丽莎·弗莱彻　著　刘　娴　译
出版发行：上海科学技术文献出版社
地　　址：上海市长乐路 746 号
邮政编码：200040
经　　销：全国新华书店
印　　刷：商务印书馆上海印刷有限公司
开　　本：890mm × 1240mm　1/32
印　　张：6.5
字　　数：119 000
版　　次：2022 年 4 月第 1 版　2022 年 4 月第 1 次印刷
书　　号：ISBN 978-7-5439-8471-4
定　　价：58.00 元
http://www.sstlp.com

目　录

前　言

“那底下并非你能预想到的样子，它不像是地面上的人们期待的情形。”

——罗伯特·佩恩·沃伦，《洞穴》(1959)

对人类历史而言，洞穴是基本的要素。它们既是避难之所，又是深邃、黑暗的危险之境；它们既是出生之地，也是埋葬之地；既是日常居所，亦是避难之处；它们既是人类栖息地，也是神魔之家。

对很多人而言，洞穴只不过是数十万年前形成的天然地下暗室。然而，正如第一章指出的，“洞穴”一词远不是那么简单明了的。在谈到“什么是洞穴，什么不是洞穴”这个问题时，第一章界定了本书中“洞穴”的范围，强调了谈及洞穴时所持的人类中心说的视角。接下来的两章介绍了洞穴科学：洞穴及装饰洞穴的堆积物，如钟乳石、石笋等是如何形成的；不同地区的洞穴中动植物是如何适应环境生存下来的；几千年来人类是如何利用洞穴的。剩下的几章着重介绍人类与洞穴的互

《迷宫的诱惑》，维斯·斯克里斯，佛罗里达金妮温泉

动，既有字面意义上的，也有象征隐喻的。由洞穴引发的问题涉及洞穴与人类的相互关系以及人们如何想象并试图界定洞穴的环境。它们曾令人恐惧厌恶，也令人敬畏，给人启迪。起初，人类探查洞穴为的是寻找避难处，就像探查山脉和其他地貌风景一样，洞穴探险也是兴趣使然，洞穴吸引着那些渴望挑战险境、渴望去前人未曾到过的地方的人。洞穴也吸引了作家、艺术家和摄影师，他们为我们提供了各种认识、思考洞穴的新方法。每年有 2 亿多人前往世界各地近百个国家的洞窟旅游胜地，仅美国肯塔基州猛犸洞国家公园每年就吸引了 200 多万游客，这正是洞穴文化拥有经久不衰魅力的明证。

本书将洞穴视为大自然的奇观、动植物的栖息地，但首先强调的是洞穴在人类历史上已经并将继续扮演的重要角色。

1. 什么是洞穴？

《牛津英语词典》对“cave（洞穴）”的定义是：“在地平面以下或多或少空的开阔空间；大洞孔，兽穴，泥土中的栖息地。”这个看起来简单的词，经由法语中派生又从拉丁语“cavum”而来，意为“空洞的”，在英语中没有完全对应的同义词。在语源学上，有“cavern（大山洞）”“cavity（腔，洞）”这些相关词汇，在语义学上对应的有“grotto（岩洞）”“abyss（无底洞）”“den（兽穴）”，但“cave（洞穴）”一词肩负更多深意。1953 年经典洞穴学杂志《不列颠洞穴》编辑 C. H. D. 科林弗德因“滥用‘cave’（洞穴）”表示歉意，但他解释说，反复出现这个词是不可避免的，例如，他认可“cavern（山洞）”仅用于指“洞系中更为有限的暗室”的说法。尽管“cave（洞穴）”一词显然十分奇特，但“什么是洞穴”这个问题始终没有直截了当的答案。标准的科学解释将洞穴界定为“在地表之下天然形成的空地，其大小足以让人类进入”。地表之下与外界隔绝的小洞，没有通往地表的出口，不称为“洞穴”，尽管由于水流运动，岩

典型石灰石溶洞特征

1. 钟乳石
2. 石笋
3. 石柱
4. 烟囱
5. 横梁
6. 水流
7. 小水坑
8. 落水洞
9. 不渗水岩顶
10. 溪水入口或石缝
11. 回潮
12. 断层
13. 溪流
14. 石灰石悬崖
15. 岩洞
16. 坍塌洞
17. 盲坑

石崩塌等使之与地表相连接，最终成为空腔，它们有时候被称为“无入口洞穴”。人为作用挖空的洞（如矿洞、下水道、隧道、地下居所等）不是洞穴，但它们有可能和洞穴相连，或者可以进入曾经的“无入口洞穴”。地面开放式或凹形的地方不能称为“洞”，比如岩棚、崖边悬垂物都不是洞穴，但如果其深凹处含有“真正的洞穴”中典型的矿物成分，或是为洞穴中居住的有机生命体提供栖息场所，它们可称为“边缘洞穴”。也许更重要的是，岩石中的小洞或太小的裂隙，无法让人进入则不是洞穴，用探洞者的话来说，它们无法让人“走进去”。但对科学家而言，如果水文作用和地质作用拓宽了洞穴，使人可以进去，它们可能就会变成一个“原型洞穴”。简而言之，洞穴的定义和解读取决于它们与人类的关系。

不仅科学家在测量定义地下空洞时，会将人类身体的尺寸与之相关联，关于洞穴的科幻与非科幻文学作品也明确提醒我们，除非与自身相关联，否则人类对如何理解自然现象常感到无能为力。澳大利亚塔斯马尼亚诗人艾德丽安·艾伯哈德在她的诗歌《土地、空气、水、火：四元素爱之诗》中写道："我们身上携带着洞穴，/心房犹如暗黑密室，/子宫仿佛水蚀山洞，/大脑好似石灰石凹槽。"对科学家而言，表面与深层、光明与黑暗的两重性勾画了真实的洞穴特质，而纵观人类历史进程，在人们的想象中，洞穴扮演的象征性角色也很重要。无论是科学术语还是非科学性表述，英语中描述洞穴的词首先取决于人类的词语。在现实中和虚构中，洞穴特征都经常以人体各部分来命名，而与人类建筑的空间和结构的联系更广泛。洞穴口是张开的"嘴巴"，进入黑暗的

澳大利亚塔斯马尼亚萨萨弗拉斯洞入口

地底“喉管”，或是地球表面“皮肤”的裂纹，直抵地球的“肠子”。正如各种数不胜数的文章中经常可见的，类比人体生物学来描绘洞穴的深度：这个地洞有它自己的生活方式、思考方式和呼吸方式，与缓缓的水流一起搏动。尤其是以建筑学的语境形容洞穴：洞穴是密室、地下室或是大教堂，它们拥有门厅、地面、墙面、天花板、房间、圆屋顶和烟囱。然而我们缺乏足够准确的词语来描述地下深处这些黑暗的地方。就潜藏在地表以下的空间而言，我们无法用语言来抓住地球的现实特点，这并不奇怪，就连有关洞穴的文学作品也常常让我们感到那些描摹自然现象的语言多么贫乏，存在很大的局限性。

我们在地图中几乎找不到洞穴，洞穴在黑暗的深处，尤其那些注满水的深邃洞穴更是遥不可及，即便是最有决心的探险者也望尘莫及。正如本书前四章阐述的，直到近代，才有一套较完善的标准、连贯的词汇来描述、分析洞穴的发现、形成、发展过程。早在16世纪，就有关于洞穴研究的成果发表，但并没有形成权威一致的洞穴探险规则，直到19世纪最后几十年，此类规范才出现。无论是现实中的还是想象中的洞穴之旅，都无法脱离生活在地面上、阳光下的人类的生活经验和认知。鉴于标准、科学的洞穴定义运用了人体作为测量地下空间的尺度，非科学性的文学、电影、神话和艺术等也用洞穴作为观念上的工具来衡量揣测人类的状况。本书从学者、科学家及探险者等不同角度，寻求对洞穴这一自然现象的解读，广泛讨论了关于洞穴观念在人类各领域行为中如何发展的历史过程。洞穴扮演多重文化角色，既是文学艺术的灵感之源，也是神圣的膜拜之地；既是神话故事、民间故事的场景和符号，也是人们休闲旅游的胜地；既有物质存在的，也有象征意义的，各取所需，反映了人们对洞穴的利用呈现出多元化的特点。

洞穴和喀斯特地貌保护、管理专家戴维·基利森建议，人类可进入的洞穴直径应不小于0.3米，而罗伯特·佩恩·沃伦的小说《洞穴》(1959）也调侃道，“洞穴不是胖子待的地方”。对探洞者而言，这些通道“逼仄”“狭窄”，然而入口的大小与地下洞穴实际的大小没有必然联系，不管洞口多么窄小，探险者都会试图找到一个潜在的洞穴。对作家、探险家迈克尔·雷·泰勒而言，狭窄意味着“在任何爬行通道需要拿掉装备，脱掉衣服，还得脱层皮”。用人体尺寸来衡量洞穴是无法通行的小洞、裂隙还是真正的洞穴，作用显而易见。美国一些洞穴里，那些狭窄的通道还有颇具幽默感的诨名，如肯塔基猛犸洞的“胖子的悲惨境遇”，纽约诺克斯洞里有“枪管”，加利福尼亚洞的“蠕虫蠕动”，怀俄明大X洞的“胖子挤爆”。大X洞有一条长300米的窄通道，就是臭名昭著的“死亡之战”的发生地。泰勒描写了在西弗吉尼亚州遭遇“恶魔之掐”的惊魂一刻：

“我开始感到害怕，停下来深呼吸，但我已经走得太远了。我吸气时，打开的胸廓已经触到障碍物，我只好停下了。我只能吸一半的气，在呼出气时才能通过。如果呼气太多怎么办？如果到了某个地方，根本无法吸气怎么办呢？”

对那些试图发现新路线或无人涉足的地下“处女通道”的人而言，洞穴科学和探险的核心是人类能否进入其中。但对非探洞者而言，走到地底下既能经常激发探险的念头，同时也会让人立刻心生恐惧，尤其是因为地洞常让人联想到墓地。2005 年有三部电影描绘了探洞者被困地底下，被食人魔纠缠。电影《山洞探险》有一句宣传语“有些地方绝对不能去探险”；《魔窟》电影海报声称，“有些地方人是不该去闯的”；电影《黑暗侵袭》宣传活动邀请观影者直面内心深处的黑暗，详述了地底探险的心理风险，“当你被困在地下 3200 多米，有很多办法让你失去理智……幽闭恐惧、迷失方向、与世隔绝、妄想偏执、惊恐万分”。

一想到洞穴，人们不可避免地会设想，若自己身处其中会如何适应，这的确是很容易产生的联想。洞穴常常会让人们产生莫名的恐惧感，如被活埋，陷入黑暗中，被神秘邪恶的力量掌控等，而不是一些正能量的情绪。乔纳森·戴米的电影《沉默的羔羊》中，当女主人公克拉丽斯·史达琳在连环杀手的迷宫中冒险时，她到了一个隐喻的“洞穴”。观众透过杀手的夜视镜看到，克拉丽斯在

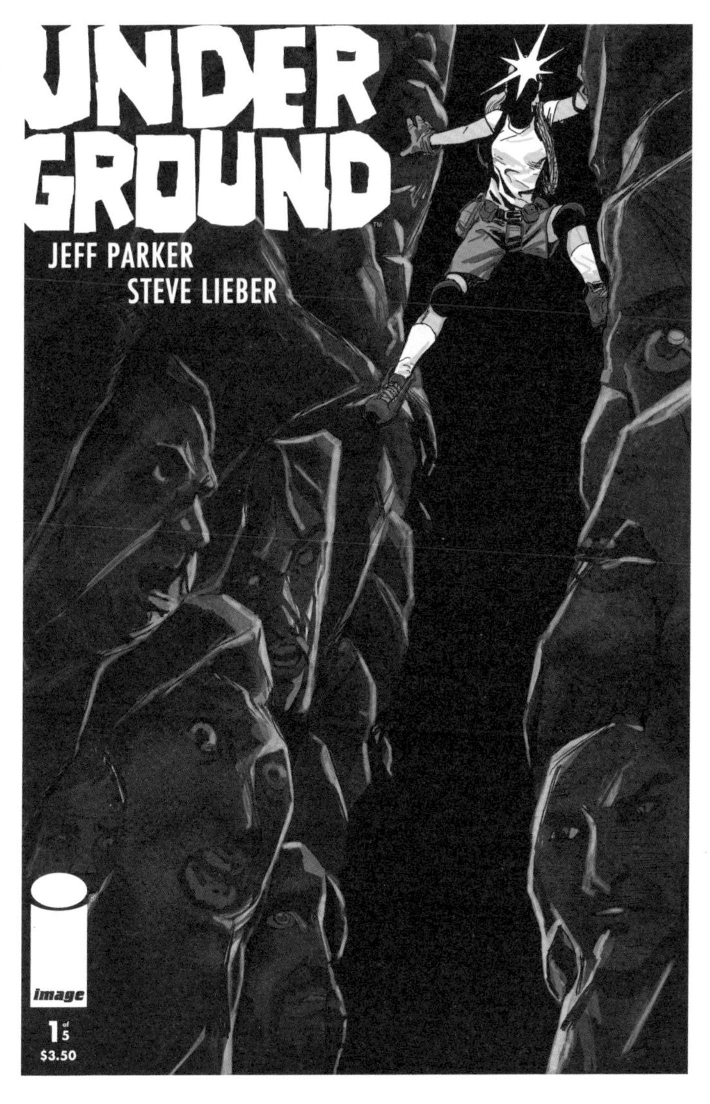

杰夫·帕克和史蒂夫·利伯的《地下》(2009)杂志单行本封面设计

颤抖，惊恐不已，在完全黑暗的地下室里跌跌撞撞。类似洞穴空间的视觉想象强化了我们与克拉丽斯的认同感，想象着躲在暗处的疯子正对她虎视眈眈。当然，这个场景的冲击力源于我们站在杀手比尔的视角，直视自己内

克劳德·弗朗索瓦·西奥多·卡鲁尔·达尼尼，洞穴风景画，19世纪30年代，油画

心深处的黑暗。这种运用洞穴想象来进行心理暗示、情绪调节的反应是“自然与文化的复杂协调”，显示了人类在漫长的历史进程中，与自然相处相争的同时，也改变了对自己的看法。

几百年来，在西方哲学和文学中，洞穴常象征人类个体与集体灵魂的黑暗之处。从柏拉图到弗洛伊德，思想家用洞穴类比无知愚昧和不现实，洞穴成为埋葬秘密和失落梦境的容器，预示着洞穴是另一个极端，绝不是全面的认识和真正的知识。在《理想国》中，柏拉图用“洞穴之喻”戏剧化地阐述了人类从黑暗走向光明，从不真实的影像回到现实的过程。柏拉图让我们“想象有一个像洞穴一样的地下暗室，有一条横贯其中的小道，一群囚徒一直待在那里，被锁链束缚，背对着洞口，只能看见他们面前洞壁上的影子”。在他们的后上方有一大堆火，人们拿着各种石头器具走过矮墙后的小道，火光把器具像木偶戏一样投影到囚徒面前的洞壁上，囚徒们对洞外的世界一无所知，他们自然就认为影子是唯一真实的事物。柏拉图写道，囚徒们从“幻影”中走出来是一种痛苦的经历，被强行往上拽起来，往上走，并被拖出来，走到阳光下，假以时日，直到囚徒们认识到上面的世界见到的才是真实的事物，这也是心智提升的过程，这时他们才能真正拥抱自由。但这时对他们的启蒙教育尚未完成，要等他们能明白自己的责任，重新返回洞穴中，与未被启蒙的同伴生活在一起，“习惯在黑暗中看清这个世界”。

光明即知识，黑暗即愚昧，两者紧密关联。这也是在释梦及有关无意识的理论中运用洞穴隐喻的基础，其中以弗洛伊德和荣格尤为著名。在《梦的解析》一书中，弗洛伊德将梦境中的洞穴以及各种船舶阐释为女性的身体。1909 年，荣格在美国旅行时，梦见在自己家的地窖

W. H. 达文波特 · 亚当斯著作《著名洞穴》(1886)插图

里发现了一个洞穴。他在20多年后写的回忆录中给出了更多的细节，一个有好几层的塞得满满的洞穴，上面几层布满灰尘，放着新石器时代的工具，余下几层放着史前动物的化石。荣格解释说，他从房子到地下洞穴的梦之旅是一个象征通道，通向过往的意识，但这与个人不同的文化记忆基础有关。荣格把这个梦继续写了近 30 年，因为这是他首次暗示集体潜意识理论。对柏拉图、弗洛伊德和荣格来说，进入洞穴代表重新回到先前的某种状态，因此洞穴的价值在于它们成为人类故事最初阶段的关键背景设置，而并非是他们对洞穴本身感兴趣。

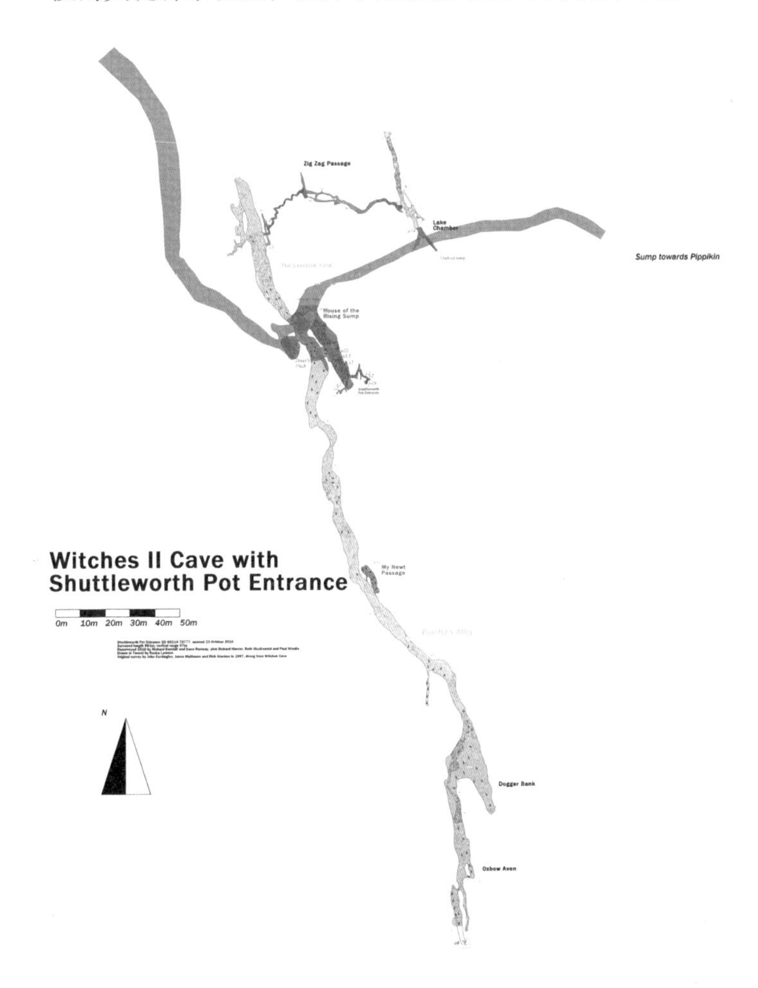

女巫洞 II 号

将洞穴归类为在地面有开口且人可进入的自然存在，充分表明了人类中心说在人类认识自然的历史中占据主导。毋庸讳言，当我们从语言和文化本体中来理解洞穴的含义时，无论其字面意义还是实际物理存在都超越我们能够掌握的范围。毕竟，它们早在千百万年前已经在岩石中形成了。可能更重要的是，无论就自身而言，还是作为自然系统一个很大的组成部分而论，洞穴的意义和价值都是独立存在的，不需要考量它对于人类世界是否有实用价值。基利森提供了一个未提及人类的、有关洞穴的“严谨科学定义”：“洞穴是岩石中天然形成的空洞，可以是地下暗流的潜入点，也可以是地下水的输出点，比如泉涌而出。”这是否算是不以人类为主导的思考方式呢？或者说，由于我们无法将自己从有关洞穴的画面和故事中抽离出来。因此，我们对于洞穴这一自然现象的认知被文化观念扭曲了。和过于突出人类活动相比，以地球为中心的学说的认识洞穴是否会限制人类与洞穴的互动？毕竟，从根本上说，忽略自然界中人类的存在，或者认为只有我们缺席，才是真正的自然界，那都是不合适的。在历史和文化语境中，洞穴的功用远比地理和水文的作用多。由于和人类相关的洞穴意义和功能不胜枚举，洞穴与非人类的其他有机体的互动也数不胜数，因此对“什么是洞穴”这个问题无法给出简要的、结论性的答案。

洞穴的入口并不能清楚地界定为连接地面和地下两

个不同环境的门厅，而是一个过渡的转换区域。进入洞穴就是走向彻底的黑暗世界。旅程是从洞口开始的，在拱道中大步流星，双手双膝并用爬行穿过如藤蔓、如蛛网般的纷乱地带，或是在泥泞的洞中匍匐前行。洞穴探察者经常将“滴水线”设定为洞内、洞外分界线，就是看雨水打湿地面的位置。洞穴入口区大小不一，有的是荒原上窄小的裂缝，不足一米；有的是森林覆盖的谷底中巨大的开阔的入口，是绵延数百米的生态系统，最远的地方是多数人不会冒险前往的“野洞”。在观光洞窟和展示型洞窟中，人工照明和铺设平整的通道将洞穴入口区到尚有一线阳光能透进来的较为黑暗的区域之间的细微差别掩盖掉了。这种“弱光区”比地表更暗更潮湿，岩壁隔热，降低了空气的流通性，使得温度更为恒定，而又有足够的光线透进来，可维持植物生存，也方便引导参观者。巴尔巴拉·赫德这样描述马里兰州魔鬼洞“中间地带”的景象：

> “从我所站的地方，可以向下看，往右是洞穴深处，黑暗的质地更显深厚，填满每处沟壑。或者我也可以往上看，向左边看虽不能望见天空，但至少可以看到褐色的岩石和明显的岩点，小的凸起，甚至空中的一只小飞虫。”

在洞穴中真正的黑暗区域里，只有能适应终年黑暗状态的植物才可存活，气温基本保持稳定，接近地表年平均温度。黑暗区域有可能绵延数百千米，探险者在地下数千米活动。已经探察的最长的洞穴是肯塔基猛犸洞，全长超过 620 千米，远比排名第二的南达科他州的宝石洞（260 多千米）更长。已知最深的两个洞穴在欧洲：库鲁伯亚拉洞（深 2 197 米）和伊律祖亚-梅什诺诺戈-斯涅日那亚洞（深 1 753 米）。两个洞都在阿布哈兹的乔治亚州。

洞穴内部大气稳定，几乎没有有机物存在，这就意味着无论步履有多么轻盈，进入一个洞穴就会改变其内部的状况。人体活动会让空气流动，温度升高；衣服上的棉绒会粘到潮湿的洞壁和其他物体上；手印和脚印也会对地面和洞壁有影响；皮肤组织、毛发、呼吸等会让几百年都未曾改变过的有机物质层次发生变化。20 世纪 70 年代后期，一队探洞者在田纳西美洲虎洞中发现，在一个偏远的通道有人类的脚印。后来，考古学家认定了共 9 个人留下的 274 个清晰的足印，运用放射性碳定年法测定碳化的火把残余得出结论：这些史前探洞者早在 5 400 年前就到过美洲虎洞的黑暗区域。充满激情的探洞者内心纠结着：是满足自己对地下世界深切的渴望呢，还是不去破坏经过百万年才得以形成的脆弱的大自然原初之美呢？

在洞穴的黑暗幽深处，湿度一直很高，水汽蒸发使得大气接近饱和，也许这正解释了为何文学作品的主人

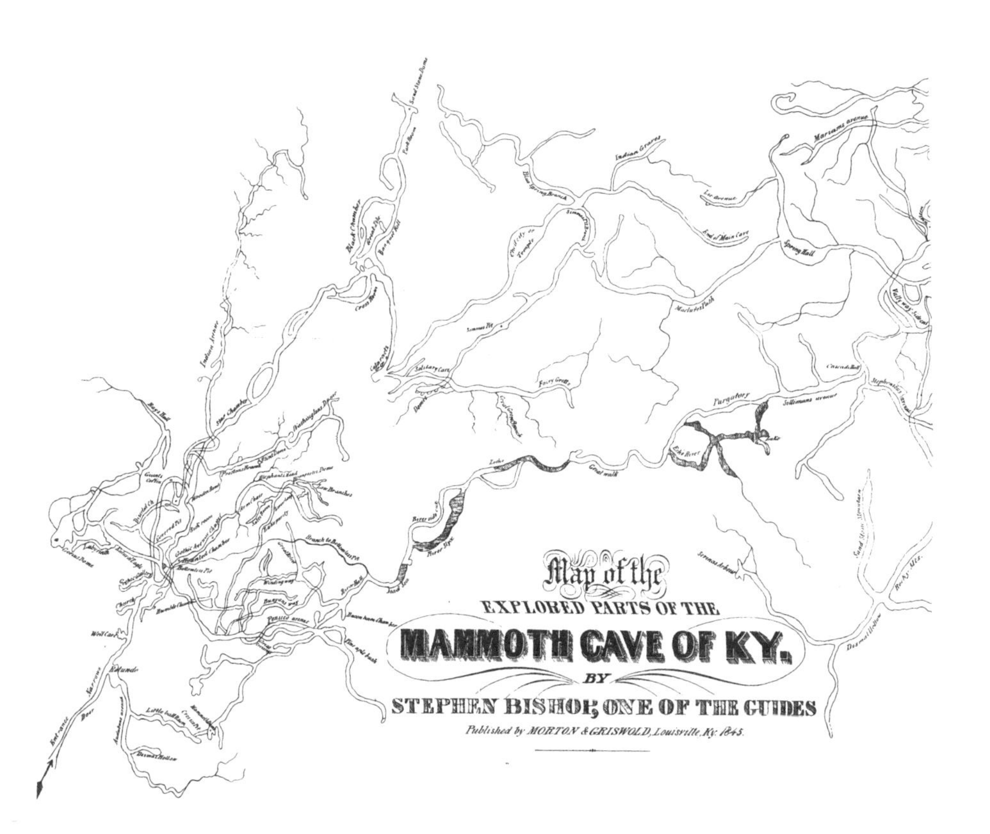

肯塔基猛犸洞已探明部分，由史蒂夫·毕肖普绘制

公在洞穴中经常会问：“你能在黑暗中而不是空气中呼吸吗?”在内瓦达·巴尔的惊悚探洞小说《盲降》(2009)中，女主角在新墨西哥莱切吉拉尔(龙舌兰)洞深处经历了“光感剥夺”的惊魂一刻：“并非只是看不见光亮，那是一种物质或元素，令人窒息的迷雾弥漫开来，灌满耳朵，塞住鼻孔，钻进肩膀和胸膛。”有些洞穴中，由于无色无味的二氧化碳浓度过高，有的人会觉得尝起来有点淡淡的酸味，这时的空气也变得很危险。在二氧化碳浓度超过 0.5% 的所谓“臭气”中呼吸，只要一会儿，就会心跳加速、呼吸加快，持续不久就会意识丧失、窒息甚

至死亡。“臭气”（这个词本身也是人类中心说的又一个例证）既是自然现象，也是人类在地表活动的结果。比如，在澳大利亚新南威尔士本格尼亚洞中，通常是“臭气”熏天，那是由于大量有机物质被暴雨冲刷到洞中，在里面腐烂分解，洞中又不通风。在斯洛文尼亚卡可卡那伽马洞中，高浓度二氧化碳是一家造纸厂污水渗漏的结果。这提醒我们：即便是很偏远的洞穴通道，也是连接完整的地表及地下自然生态系统中不可或缺的组成部分。

洞穴的三个“区域”并无明晰的区分，事实上，尤其是在气象、生态术语中，洞穴和地表的区分都不明显。从一个区域到另一个区域的过渡是渐进的，而空气、水、沉积物、动物和其他有机物质在洞穴中的流动是持续不断的，它们被理解为不可分割的整体。在谢罗德·桑托斯的诗歌《弗马纳洞》（1999）中，描写了一个男孩和他父亲跟着溪流在洞中蹒跚而行，“一步一步沿着湿漉漉的墙”，在洞里“触向更深处”，他们能听见“水流轻吟 / 在碎石中穿行”。连接地表和地下空洞最重要的元素是水。水通过泥土和有气孔的岩石渗入地下，通过基岩上的裂缝淌到地下，或是沿着地表的溪水和河流奔流到地下。想到洞穴时我们也应当想到，它们还包括地表地貌的特殊性，“折叠、空洞、黑暗”的上方有“沉降”和“凸起”。

“喀斯特”这一术语指的是溶蚀地形，它主要是沉基岩溶解形成封闭的凹陷（在美国是指落水洞，在欧洲是指溶斗）、地表下的排水系统和洞穴。地球表面大约15%

主洞室洞壁，约克郡盖平吉尔洞

的土地是喀斯特地貌，约全世界 25% 的人口依靠喀斯特地下水生存。喀斯特地貌主要形成于石灰岩地带，这是碳酸钙沉积岩组成，但也出现在其他碳酸盐里，主要是白云石、脱水的石膏和盐岩，还有不常见的岩石包括砂岩、玄武岩。研究洞穴的科学家区分两种地形学意义上的喀斯特：一种是有溶蚀力的水，对可溶性岩石进行溶蚀，从而形成的“真正的喀斯特”；另一种是“假喀斯特”，指的是并非溶蚀作用形成的，而是风力、雨水、湍流侵蚀岩，或是由火山熔岩、岩石碎屑等组成的。然而，不管洞穴是如何形成的，它们在空间和时间上都是一个更大系统的组成部分，洞穴总是整体的一个部分。

洞穴珊瑚，珍罗兰洞群东方洞，
澳大利亚新南威尔士

2. 谈谈洞穴学

洞穴学是有关洞穴的科学研究。1893 年 8 月 4 日，在法国科学协会大会的演讲中，律师、探险家 E.A. 马特尔用了这个“不是很优雅的词”来命名这个领域的研究，声称“在科学研究中占一席之地”。马特尔将这归功于史前史学家埃米尔·里维耶尔，他在 1890 年从希腊语中引入并创造了这个术语，但第一次发表、讨论这个术语的是马特尔。然而，“洞穴学”并非是最早用来表述研究洞穴科学的词汇。1850 年，被马特尔誉为“洞穴学研究真正的创始者”的阿道尔夫·施米德在维也纳一次知识界谈话中提出了“Höhlenkunde”，意为“洞穴研究”。“Höhlenkunde”在德语中与“洞穴探索”相关。另外，还有些人尝试能创造出让洞穴科学家可以共同使用的术语，但都不那么成功。1870 年，W. S. 福伍德在研究猛犸洞时提出了“caveology（洞穴学）”一词。1889 年，在我们今天所用的洞穴学术语确定之前，马特尔一度试着用一组词来表述，用“grottologie”表示对洞穴的研究和勘探，用“grottisme”来表示探洞这种活动。得感谢马特尔，自从19世纪90年代中期，科学家们一直沿用“speleology（洞穴学）”一词。

事实上，在“洞穴学”这个术语形成之前，科学家和探险家对洞穴的研究已有长达数百年的历史，但他们的活动基本上是各自为政的。在斯洛文尼亚，洞穴探险和学术研究历史悠久，自17世纪以来，在地底下探险的人们就意识到，他们之前的到访者功不可没。例如，波斯托伊那洞的探险者施密德尔、弗兰兹·克劳斯和马特尔，就曾加入制作地图、勾勒、描述过斯洛文尼亚石灰石地貌的探险家、作家、科学家的行列。约翰·维克哈德·冯·瓦尔瓦索是绘制出版斯洛文尼亚洞穴地图的第一人。从1687年至1689年，他积极探访所在地区的洞穴，试图探寻地表以下排水系统的作用。洞穴学史家特雷弗·肖认为，巴伦·瓦尔瓦索是第一个“真正的洞穴学家”，他不仅系统全面地描述了洞穴，而且最先观察发现洞穴和地下水道是较大的水文系统的组成部分。肖还感谢18世纪奥地利宫廷数学家约瑟夫·安东·纳格尔，称他在洞穴学这个科学分类产生之前所做的“洞穴学”研究工作卓有成效。他受弗朗茨一世的指派，在奥地利、斯洛文尼亚和摩拉维亚（今天的捷克共和国）的地下穿越爬行，把他的观察写成了详尽的附有图示的报告。在斯洛文尼亚，纳格尔制订了十分精确的未知洞穴探洞计划，包括波斯托伊那洞和索克巴斯卡洞。他在普兰尼斯卡洞地下行进了660米，穿过卡纳洞，直抵皮夫卡地下河。斯洛文尼亚洞穴科学研究的历史意义也体现在“喀斯特”这一术语中，这个词得名于位于卢布尔亚那南部石灰岩地区——喀斯特高原。“喀斯特”是一整套洞穴水文学和地理学词汇中的基本词汇，从地貌中的假喀斯特（指与喀斯特相像但并非由化学溶蚀作用形成的地形）到地表喀斯特（即表层溶岩地带）再到古喀斯特（指很久以前形成的古代早期喀斯特地形）。1894 年，“喀斯特”作为分类石灰石地貌的地形学术语，在皇家地理学会年鉴中首次被采用。要极大归功于马特尔的努力，19 世纪末至 20 世纪初，有关洞穴的科学研究迅速走进了具有国际影响力的规范的学术研究领域。然而，从马特尔时代直到现在，洞穴学的论述从来不是严格意义上的科学阐述，几百年来洞穴之旅的特点就是科学调查与探险活动并存。

威廉·布克兰写下第一部英国洞穴学巨著《洪积遗存》(1823)，他并不认为自己是洞穴探险家和科学家的一员，也没想到他的研究是最早，也是最重要的洞穴学术研究。《洪积遗存》是布克兰在约克郡科克达尔洞勘探的调查报告，荣获英国皇家学会科普利科学奖章。对现代读者而言，这本书的戏剧性效果和趣味性来自布克兰对地质学的满腔热情和他宗教信仰之间的矛盾。此前三年，布克兰用他的演讲《牛津大学地质学读者》，让听众确信地质学并不对一些说法构成威胁。他辩称，洞穴之上有“全球性洪水”或“挪亚洪灾”的证据（尽管 19 世纪 30

威廉·布克兰《洪积遗存》(1823)插图

年代，他放弃了这个说法)。1823年，布克兰成为发现人类化石的第一人。他在南威尔士帕韦兰洞中的红色赭石下发掘出一块人骨。有部分原因是他对人类历史的认识受宗教的影响，未意识到人骨是史前遗存，也没有充分认识这个发现意义非凡。到1874年，第二本不列颠洞穴专著出版，是威廉·博伊德·道金斯的《洞穴搜寻：与欧洲早期居民有关的洞穴证据研究》，从某种意义上说，这表明开展洞穴研究的科学家群体正在开始形成。

道金斯把“搜寻洞穴的新科学”表述为两个完整的部分，一个是物理性（地质学、物理学、化学）的，另一个是生物性（考古学、历史学）的。他的书是从追溯人类历史上“有关洞穴的传说”开始的：

珍罗兰洞群东方洞的悬垂钟乳石，澳大利亚新南威尔士

> “事实上，洞穴中险象环生，一处处阴郁的凹陷，洞顶滴水声尖锐刺耳，地下瀑布咆哮声穿过地道回响轰鸣，白晃晃的大石笋在黑暗中如雕像般肃立着。正是这些为神话传说中鲜明生动的情节提供了丰富的素材。”

道金斯指出，“猎穴人”应当是智力发展已达高级阶段的人，在工作时不为异端迷信邪说或宗教教条所阻碍的科学家。当布克兰“为洞穴探寻这一新科学门类奠基”之时，他属于一个“科学的世界……但仍未能完全充分认知人类是多么古老的物种”。《搜寻洞穴》第一章恳请将洞穴列为严肃的科研场所和研究主题，以便建立学术规范。道金斯追溯了欧洲洞穴探索的历史，坚称到1874年“已经不可能对地质学、考古学、生物学、历史学之间存在的关联性视而不见，尽管第一眼看起来他们是各自独立存在的科学门类”，但书中表达的学术雄心并不能掩盖道金斯激情，在地下工作既能满足他对知识的好奇心，又刺激了他“鲜明生动的想象力”。他将自己称为“猎穴人”——一个前往黑暗的地层深处搜索秘密的探险家，一直对洞穴充满奇幻的念头。而另一方面，他对这类不科学的想法又不屑一顾。

19世纪最后数十年，人们对洞穴的幻想空前高涨，隐秘的地下世界似乎可以让探险家和科学家有可能找到线索来解决我们这个星球最大的悬疑问题。乔治·哈特维格的科普书《地下世界》1871年首次出版，书中描写“黑暗的地方……有时候对人类有益，有时候则是灾难”。关于埋藏秘密的“隐秘世界”和“宝藏”的描述，很容易让人联想到当时流行小说里相同的场景，在“失落的世界”里探险。用哈特维格的话说，“地下世界”促进人性升华。“人们来到地下仰望地底的奇迹，让地底的宝藏对他们的欲望卑躬屈膝。”

> “那里有隐蔽的地火，向我们揭示了曾经发生过地震和火山喷发。那里一层又一层的岩石中，有已经灭绝的动物和植物的遗存。那里随处可见洞穴的奇观、神奇的石笋、奔腾的流水、奇特的洞壁。那里富藏矿产——金属、煤炭、盐、硫等，没有这些助力，人类可能无法走出蒙昧期。”

19世纪70年代，随着欧洲范围内洞穴探索协会的建立，正规的科学家和探险家协同合作的研究网络出现了，分享着他们对洞穴的热忱。1879年，由弗朗茨·克劳兹在维也纳建立的洞穴研究会是第一个机构，他们创办了世界上第一批洞穴研究的系列刊物。19世纪末，欧洲活跃着十个洞穴研究协会，其中最重要的是马特尔于

永成洞，韩国济州岛

1895 年在巴黎成立的洞穴协会。直到 20 世纪早期，探索地下世界的地质学家、考古学家和其他科学家还没有一套共享的词汇来详尽地描述洞穴的细节，发展洞穴形成的理论，给在黑暗潮湿地下发现的生命体归类。一切都显得很匆忙，欧洲的洞穴成为业余爱好者和专业科学家共同的活动空间，他们竭尽所能力求发现地下环境更多的东西，同时，也在发展一套有关"洞穴学"的词汇和理论基础。例如，令人惊奇的是，在 1880 年至 1920 年，有多少关于洞穴的专业术语涌现出来：从描述喀斯特地貌的"doline（溶斗，溶陷凹坑）""karren（岩沟）"到命名溶解作用的"helictite（石枝）""frostwork（霜花）”，从表述岩石具有传输和贮藏水的功能的主要术语“acquifer（含水层）”，到区分矿物和来自别处的洞穴沉积物的“allogenic（同种异体）”以及由地质物质组成的“insitu”，即“authigentic（自生的）”。

一个“神秘的洞穴学密码”、术语“vadose（渗流带）”在1894年左右开始使用，指的是喀斯特地貌中，水能部分透过的充满空气的缝隙，地表以下、潜水面以上的地质介质，这个词是在与之密切相关的“phreatic（潜水层）”一词出现几年后出现的。潜水层是洞穴中更低层的通道，完全充满了水。查尔斯·达尔文的进化论引发了知识界和理论界的强震，随之而来的是在欧洲大陆掀起的一阵风潮，要在世界版图上建立与地下空间相关的知识体系，这一热潮也在那时也达到了顶点，这情形可能不足为奇。几乎与此同时，世界各大国竟相争夺对地球表面控制权的最大份额。后达尔文时代是人类与动物界分离的时代，或者更宽泛地说，人类对于自身征服自然的能力更难以保持自信。此外，欧洲帝国主义对发现、探索、征服“原始地”的各种行为推波助澜，将打造新疆界的渴望与追溯进化之源的企图交织在一起。亨利·莱特·哈葛德两本著名的新帝国主义小说《所罗门王的宝藏》（1885）和《三千年艳尸记》（1886）就是明证。很明显，这是洞穴科学发展史上的关键时期，但就洞穴学的发展历史而言，直到今天它仍处在早期阶段。

1953年，早期英国洞穴研究学术权威C.H.D.科林弗德称洞穴学为“一个处在婴儿期的科学门类”。然而，仅13年后，T. D. 福德和科林弗德在《有关洞穴学的科学》中指出这个领域“发展突飞猛进”。他们对洞穴学的定义包罗万象：“洞穴学是适用于洞穴及其组成部分研究的一门科学。”2007年，德里克·福特和保罗·威廉斯在他们颇受赞誉的《喀斯特水文地质学和地貌学》一书的修订版前言中写道，与洞穴和喀斯特有关的所有事情令人兴趣激增。然而，尽管致力于洞穴研究的科学家人数不断增长，他们的激情和奉献并未使得这一领域和其他更为传统的科学门类一样，获得应有的学术地位。这可能是由于“科学研究的素材大量增加……研究涉及的科学门类非常多元……保持喀斯特研究的学术地位并非易事”。地下探险者、制图者帕特里夏·卡门贝斯解释说，“总的说来，洞穴没有吸引主流科学家的视线”。

今天，如它的初创者预计的那样，洞穴学是跨多学科的研究领域，理论和实践都涉及广泛的学科门类和次级学科，包括但又不限于地质学、化学、水文地理学、植物学、生物学和考古学等。因此，每个洞穴学家在探查洞穴时都会优先考虑他们原先受过专门训练的专业学科领域所关注的核心概念和问题。进一步而言，洞穴学比其他任何科学门类更贴近探险冒险活动。洞穴科学家在地下工作的着眼点，既受到自然科学学科所谓硬科学的理论和方法论的影响，也取决于他们的洞穴激情、对喀斯特地貌的审美趣味。小说家艾米塔·葛旭这样写道，

“风景与书本没什么不同，层层叠叠汇编起来的书页，没有两页是完全相同的”，如同喀斯特地形的深处和表层。葛旭解释说：“人们根据自己的品位和专长、记忆和渴望打开书本。”地质学家会打开这一页，生物学家会选那一页，考古学家则挑另一页，洞穴制图家也如此。“有时候，对有的人来说，把书页规整到一起的主线他们是看不见的，而对另一些人来说，主线是真实存在的，就像容易产生变化波动的高压电缆。”

在介绍洞穴科学时，将洞穴喻为书本或档案是很普通的。例如，在威廉·B. 怀特和戴维·C. 卡尔弗的《洞穴百科辞典》中，他们写道：“洞穴里存放着书写冰河世纪的历史书。”与之相关的比喻在洞穴文学中被一再使用：深深的通道是水文学者和地球物理学者的“图书馆”；有装饰性的内室是地质学家和矿物学家的“画廊”；洞穴的内部是地貌学家和考古学家的“仓库”。因此，洞穴可被看作自然历史博物馆，之前的气候、地貌形成过程、植物、动物和古人的浩劫等一应俱全，始终关注这些的人就会发现它们的遗迹，也懂得如何解读地球展示给他们的面貌。

洞穴科学家和探索者经常是同一种人。对他们而言，有种观念十分强烈，那就是洞穴中埋藏着让我们去解读的信息，只有当我们知道怎么去读，才能读得懂。

所有的洞穴科学都面临一个基本的争议，是该完全充分地探索整个地下环境还是应该认同这样的观点，即

集换式卡片（洞穴，六枚中的四枚），比利时利比格公司 **1956** 年发行

暮光洞，毛里求斯

人们从来无法完整全面地认识洞穴。洞穴总是保持着某种程度的神秘感，即便终其一生在“不见天日的思维迷宫”中研究洞穴的专家也是如此。洞穴学家在黑暗中工作指的不仅是字面的意思，工作时他们只能通过头上戴的小灯来照明，还有一层含义是提醒他们，从更宽泛的意义而言，有关洞穴研究的观点经常是片面的而不完整的，哪怕是最翔实的描述、最细致入微的地图和示意图、最清晰的照片和影像资料，甚至是最高级的计算机对洞穴的模拟，也都是不完全的记录。

继探洞之后，让洞穴探险者和科学家又能聚到一起的，最有号召力的活动就是绘制洞穴地图。阿瑟·N.帕默提出，绘制洞穴地图是“每个洞穴学家具备的基本技能”，并且这是“获得大量洞穴数据的第一步”。大多数第一代洞穴地图是借助指南针、倾角罗盘、卷尺，在地下搜集数据后，画在纸上的。近些年，以计算机为基础的地图技术、地理信息和定位系统等，使“喀斯特和洞穴的地图及图像绘制彻底变革”。

无论绘图手段变得怎样深奥精妙，地图对洞穴探索和科研的重要意义都是简明的。

最早期的探洞者就已经备有地图。道理很简单。在地表，从高处山脊或一架小飞机上看，地面形态一目了然。然而，我们在洞里却看不见。一个探洞者每次只能看见地道的一小部分。没有地图，探洞者只能靠着记忆行事，也无法精确地标示出洞穴的格局，与别的探洞者分享他们的发现。

我们所拥有的每一张洞穴地图或每个模型，都是对人们实际上能看到或感受到的洞穴中碎片化的场景所进行的图像性重构，无论是用卷尺、纸片和铅笔绘制等给某个地方绘制二维地图，还是借助最尖端的计算机软件制成的三维模型都有这样的效果。洞穴探索者和洞穴学家制订了一系列洞穴地图和图示的规范，主要部分依据的是想象中的二维分割视角。这种通过想象看透岩石和地层的能力，用“平面”“剖面”示意图绘出洞穴面貌，无疑增强了组建、交流洞穴科学知识体系的可行性，而对地下环境X射线透视式的观察，也确立了这样的观念：洞穴是有类似房屋墙面，地面、天花板等固定边界的，

倒影，蜂巢洞，澳大利亚塔斯马尼亚

是相对独立的空间。

直到20世纪60年代，“所有的洞穴都被认为是终点”。洞穴数据库列出的洞穴，显然是较大规模的独立排水系统残遗部分中较小的部分。其中隐含的假设是定义一个洞穴的起点和终点，即测量洞穴大小的最重要因素取决于人们探险活动能达到的最开阔处，也就是说，每条从同一个入口通往洞穴的、可以进入的通道，都列为同一个洞穴的组成部分。因此，一个较大的洞穴可能既包括可追溯到更新世的已干涸的通道，也有仍然流动的溪流水道。“不管怎样，它被认为是单个的洞。”通俗流行的看法是把洞穴视为各自独立、有边界的地方，这种认知根深蒂固；有关洞穴的文学作品和电影中，洞穴经常是人们在地下所居住的房间、建筑物的代名词，只不过是把它们搬到了地下。但在洞穴学阐释中，到20世纪中晚期，这种比较狭隘的观点逐渐被更为强调洞穴整体功能性的观念取代，作为一个更大地质系统的组成部分，“一个个独立的洞穴被重新设想成组合成一个较大的主体排水系统的一片片简单的拼图”。

洞穴不是相互独立的、有边界的地方，也不仅仅根据其与地面之间形成的开阔地的大小来定义，洞穴上方和周围的土层是疏松的，岩石层是可渗水的。水从碳酸盐岩石渗透进去，沿着狭窄的裂隙流淌下去，从大一点的腔洞涌出来，携带天然和人造的化学物质、颗粒物质；动物掉进洞里，有的在里面爬过，有的在里面飞过，它们在移动过程中和死亡之后留下的有机物质腐烂分解；林火、旱涝交替变化也会影响流向地下的水的流速和化学成分。洞穴及其周边环境纵横交错密不可分，对于洞穴学家探索和理解洞穴形成发展的相关物理进程尤为重要。我们既看不清洞穴现在的样貌，也无法看见它们是如何形成的。在空间和时间两方面，地下世界都揭示了人类认知自然现象的局限性。

罗伯特·海因莱茵的科幻小说《银河系公民》（1957），塑造了一个专业的洞穴学家，他熟悉地下走廊，如同他的舌头熟悉他的牙齿，并且一直能轻松自如地在完全黑暗的环境中找到它们，他附近的腔洞和隧道仿佛是他身体的延伸部分。对真正的洞穴学家而言，他们的洞穴体验不过就是揭示了专业知识的一鳞半爪，而不是幻想任何人都能完整地了解洞穴，尤其是它的源流。简言之，关于洞穴起源和发展的所有过程，有几分符合实情，就有几分是推想。戴维·基利森提出了一个有用的核心概述，整合了各种洞穴形成说，来暗示有关洞穴成因迷宫的同质观点：

> “可以设想单一洞穴的生命历程经过了一系列发展阶段，并非是不可逆转的，从无管道的发源阶段到一个较漫长的初级阶段，特定区域或岩块非均质恰好随水流进入通道。紧随其后的发展阶段，洞道开始逐渐形成，并持续变大，与基地层改变、岩块构造进化等外界因素的变化相互作用。最后，一个多层级的通道系统废弃或坍塌，最终形成某个岩层中与其他部分隔绝的、可进入的洞穴。”

广义地说，用必要的抽象概念描述洞穴历史，是由于人类与地质学的时间标尺存在不可比性。感受洞穴变化的地质时间表对我们的理解能力是个很大的挑战，当岩石上有个大小足以让水流通过的开口出现，水的化学作用以每年 0.001 ～ 0.01 厘米的速度，使这个通道逐年增大。

每天在全世界石灰石观光溶洞的观光者被这样告知，举个例子来说，他们面前正在滴水的钟乳石形成至今，

洞穴小池边缘长出的层石，来自加利福尼亚黑岩洞

变高的高度不会超过人的手指甲大小。在《汤姆·索亚历险记》(1876)中，马克·吐温简单地用人类历史阐述了地质时间标尺：

“不远的某个地方，一个石笋经年累月地长起来，是它头顶上的钟乳石往下滴水的结果。被困洞中的人掰断石笋，在断桩上放了一块石头，在石头上挖个小窝洞，接住每三分钟从头顶上掉下来的精贵的一小滴水。伴随着钟摆阴郁枯燥的嘀嗒声，一天一夜24小时能接满一汤勺水。水滴下来的时候，金字塔是簇新的，特洛伊陷落了，罗马帝国建立了，大英帝国创立，哥伦布远航，列克星敦之战还是‘新闻’。它现在正滴落着，当所有这些在历史的午后，传统的暮光里渐次落幕，被漆黑的夜晚吞没，一切终于烟消云散时，它仍然正在往下滴。”

这对洞穴研究意味着什么？当人类在地表的生活经验，从空间和时间两个维度上都与地下世界缺乏可比性时，还有人能充分理解洞穴吗？对英国小说家、自然作家约翰·福尔斯来说，“这个世界不仅比我们想象的奇怪，而且比我们能够想象的最奇怪的情况更加奇怪”。读到与洞穴学有关的问题，这个见解尤为深刻。福尔斯指出，20 世纪科学领域惊人的发展意味着从多元化科学中充分完全地认识世界已经是不可能的。对“猎穴者”来说，这并非新鲜的观点。洞穴学研究发现，即便对洞穴进行最彻底最专业的探查，也只能揭示这个星球黑暗深处的部分状况。福尔斯总结道：“洞穴科学研究应建立在这样的原则之上，那就是我们想要知道的未必要全方位彻底搜寻。相反，人类不能获知的东西也应该是洞穴吸引我们的另一个方面，比如那些既看不见也无法到达的空间，我们无法穿越甚至想象的时间跨度。”因此，洞穴学家渴望了解洞穴全部真相的同时，也得确信洞穴始终充满悬疑。

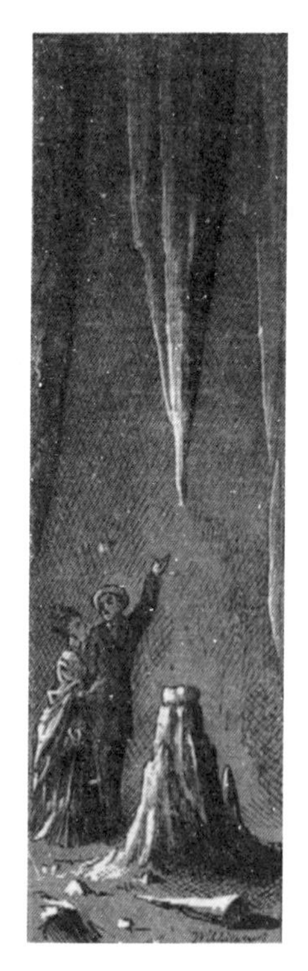

朱迪斯·贝弗里奇的诗歌《如何爱蝙蝠》(1996) 以平缓祈使句开头，“始于洞中”。这首诗歌通过感悟对蝙蝠的同理心告诫人们，人类的知识、意识和观念的局限性。它教给我们如何把自身假想成一种令人厌恶而不是讨人喜欢的生物，进入它们的身体和思想去体验的办法。

学会“爱蝙蝠”包括“倾听一种比渗水的声音更低的声频”“夜夜入梦”“练习回声定位起降”。学会适应穴居动物的生活方式，需要“降肘屈膝”放低姿态，“你需要像洞穴学家一样渴望重生，像矿工对瓦斯般敏感”。为什么洞穴学家进入洞穴会渴望重生，而矿工在地底下则畏惧死亡呢？尤其是诗歌中描述的这两种不同情绪的先决条件是什么？诗歌暗示，人类不属于洞穴，洞穴并非我们的天然家园。为了设想洞穴的复杂性和深广度，在洞穴研究中，我们需要想象自己深陷困惑中：

> “向着阴冷的洞中化石
> 发出颤音，
> 然后，用岩石上的滴水声，心跳声作节拍器
> 编辑声音，
> 伴随重重高调，疑惑着
> 你自己思维的进化。”

对洞穴进行科学研究的洞穴学，力求了解洞穴知识体系，全方位理解认识洞穴，既有实地观测探寻，也借助想象推理，这门学科不断得以推进并永葆活力。

“水一滴一滴往下滴”，马克·吐温《汤姆·索亚历险记》（1876）美国初版插图，由特鲁·威廉斯绘制

南方长翼蝠母子，纳拉寇特洞，南澳大利亚

3. 穴居者与穴居动物：生活在黑暗区域

英语词汇“troglodyte（穴居者）”源于拉丁语“ōglodyta”，从希腊语“τρώγλη（洞穴）”和“δύειν（得到，或者走进去）”两词合成而来。名词“troglodyte（穴居者）”一般是指一群人，主要是史前和古代的人类，他们居住在天然的洞穴或者类似洞穴的构造物中，这些构造物是从悬崖边或者山的侧面向里挖进去的，或向下挖进地下去的。很久之前，公元前5世纪古希腊历史学家希罗多德描写“埃塞俄比亚穴居人”，他们“吃蛇和蜥蜴及其他爬行动物，说的话就像蝙蝠吱吱的叫声”。10世纪后期，拜占庭史学家利奥·迪肯给今天位于土耳其卡帕多细亚地区，主要在地面居住的人们贴上了“穴居者”的标签，因为这些人有住在“洞穴、地洞和迷宫”的习惯。1614年，沃尔特·雷利在他编纂的《世界史》一书中，使用了这个术语来指称非洲某些地区；之后几个世纪，以“troglodyte（穴居人）”来指代穴居种族成为历史学和考古学写作的规范称谓。简而言之，穴居者就是洞穴居民和洞穴人，更复杂点的说法，当这个术语用来表示如今的人，它暗含的意思是这些人在持续一种古老的生活方式，回到史前或是采用与真正的人类文明不一样的生活模式。

在现象学术语中，洞穴为我们展现了与活生生的现实世界相反的一面：洞穴是寂静的、停滞的，外界喧嚣纷扰的尘世日常活动和感受都是缺席的。岩洞与开阔的地面景象不同，它与穴居人历史问题直接相关。例如，18世纪中期，卡尔·林奈将早期人类分为智人（他也将这类人归为有意识的人，白天的人）和对应的山洞人或称为“夜间人”。沿用老普林尼的说法，林奈将后一种人命名为“穴居人”，并将这个术语滥用在非洲人身上。对他们体貌特征和行为特点的描述很引人注目，不仅他们本身如此，而且在某种程度上，已为奇幻和科幻小说提供（并将继续提供）了描写洞穴中类人生物的相关信息：

> “身体发白，直立行走，身量是普通人的一半。卷曲的白头发、圆眼睛、金色的虹膜和瞳孔、侧视、夜行。寿命25年。白天隐藏，夜晚外出觅食。发嘶嘶声。想一想，如果我们可以相信旅行者的话，相信地球为它度身打造，那么有一天，它将成为主宰。”

18世纪和19世纪早期，这些关于穴居人的科学性论述令人困惑，妖魔化的超自然人类、生物、神灵居住在地下世界，在许多重要方面交织重叠着大量宗教性和虚

米罗顿洞，智利

构神话性的描述。随着欧洲的洞穴中人类骸骨和人造的史前工具相继发掘，到19世纪50年代，“穴居者”这个词，不仅更加具有“科学”意义，而且被刻意或者不经意地喻为原始主义风格，越来越多地用来给特定人群贴标签，他们选择像隐士般离群索居，或者遗世独立，漠视现代文明世界。

赫伯特·乔治·威尔斯在他1895年出版的小说《时间机器》中，回顾林奈创立的食肉穴居人种群，虚构了莫洛克人。威尔斯叙述的故事设定在遥远的未来，人类分成了两个种群：一个是生活安逸，光鲜亮丽的艾洛伊人，生活在“上层世界”；另一个是退化的食人族莫洛克人。这些莫洛克人身体发白，就像在动物博物馆中看到的虫子和其他标本那样，摸上去阴冷瘆人。艾洛伊人和莫洛克人都是变异的人种，生活在地面的艾洛伊人生活过分安逸，逐渐在身形、体能、智力方面开始退化，而莫洛克人展示出的退化特性意义更加深远。威尔斯的描述让人联想到林奈：莫洛克人是“白化的狐猴”，长着“奇特的灰红色的大眼睛”。在威尔斯的视角中，洞穴处在中心位置，人类已经退化，回到林奈描绘的史前状态。在威尔斯写作《时间机器》时，将洞穴与食人族相互关联的做法已不是什么创新之举，19 世纪欧洲的考古学家很常规的做法就是将洞穴中人类生活的物质遗存误读为史前食人族存世的证据。这种关联在地缘文学中也不少见。科马克·麦卡锡非凡的反乌托邦小说《路》(2006) 中，洞穴是一个中心主题，小说开篇主人公从梦中醒来，梦里他年幼的儿子领着他穿过一个洞穴：

> “如同寓言中的人被岩石巨兽吞噬，在它肚子里迷了路。石林深处，滴水轻吟，每分每时每日每年永无止息在寂静中滴答作响。”

紧接着，父子俩来到了被灾难摧毁的末日世界，感到惊恐万分，没有生命也没有阳光，只有猎捕“好人”

幸存下来的食人族。接近小说的结尾，父亲再次梦见自己在一个洞穴中，男孩手持蜡烛，在烛光引领下，“在那阴冷的走廊中，他们到了一个无处回头的地方，就是他们第一次带着仅有的光亮到过的地方”。洞穴是矛盾而荒谬的地方，意味着它既是人类从史前走来的地方，同时也可能是我们未知的将来要去的地方。

在 20 世纪，由于建筑师受前现代风格的建筑样式的影响，“穴居者”一词有了细微的变化，被用作形容词，描述一种“从活的岩石中挖空出来的……雕塑建筑”。对加利·哈什赫娃来说，部分原因是世界大战期间，一系列地下军事设施匆匆上马，穴居的观念也得以强化。作为例证，她引用了第二次世界大战早期的一个文件，其中将马其诺防线要塞称为“一个穴居者的城市”。当代建筑师看待地下建筑时，既会回想起人类最早期史前传统的穴居主义，也会寻找一个旧石器时代的洞穴样式，同时也会产生未来主义的设想：

> “穴居生活拥有地下世界的私密性，萌生一种（与地表相对的）不同的建筑方式和社会方式，那可能是人类未来的命运。谁知道呢，由于鼹鼠无止境的工作，建筑物最终可能都会消失，化为尘土。”

这里，哈什赫娃提到两种情况，一种是想象人类成为穴居者，另一种是像鼹鼠一样，人类逐渐演化成为适

洞穴动物邮票（一套六枚），罗马尼亚邮政，1993 年

应地下生活的哺乳动物。只是适应到地下生活，而非严格意义上的洞穴居住者。

住在“真正”的洞穴中，与其他地下生物混居，住在人工建造的洞窟、隧道或泥土里，这在流行文化中是很普通的，可能也反映了人类住在洞穴中始终是个挺不错的主意。尽管在神话传说中，有大量的想象是关于人类住在洞穴深处或者其他地下空洞中的例子，但并无考古学证据表明人类曾经在真正的洞穴黑暗区域长期生活过，倒是有不少例证显示，人们把洞穴入口区作为临时的避难场所。人类在地底深处定居是神话、探险小说和科幻小说里的东西，借助洞里遗存的东西居住下来，或者是依赖现代文明装备在没有阳光的地方存活。人类终究是地面居民，我们绝不可能久居地底，只能在洞穴的门槛处临时栖身。同样，一些已经灭绝的巨型地下动物，如洞熊、洞狮、洞鬣狗，也都是在洞穴的入口区和弱光区栖息，时不时地与早期人类争夺食物。

几世纪以来，人类都梦想穴居生活。然而，直到不久以前我们才开始关注那些真正部分或完全生活在洞穴深处的生物。比如，“直到 1831 年，在斯洛文尼亚发现第一个穴居甲虫……该洞穴被正式确定为动物栖息地。”这种甲虫是“奇特的甲虫，无视觉的，无颜色”，由卢卡在波斯托伊那洞（该洞 1818 年由卢卡发现）中收集到的；1832 年博物学家费迪南德·施密德首次对它们进行科学的描述。20 世纪早期，“洞穴中居住的动物仍被认为是魔鬼的收藏、遗存或是活化石”，直到 20 世纪后半期，这种情况都没有真正改变过。相应地，指代终身生活在陆地地下栖息地的动物的专有名词“troglobite（洞生动物）”以及它的变体词也比“troglodyte（穴居者）”一词出现得晚。而德语中类似的词语在 19 世纪中期的文学作品中就出现了，公平地说，英语中洞穴学的主要术语直到 20 世纪才得以真正系统使用，甚至直到今天，仍旧流于表面。《洞穴及其他地下栖息地生物学》一书的作者大卫·C.卡尔弗和坦贾·皮潘，提到了“术语的丛林”，用来描述地下有机生命的生态及其进化。这个“丛林”是这一相对年轻的学科在近几十年来迅猛发展的结果。

19世纪人们对洞穴开始进行系统研究时，也遇到过重大的发现。1768年，澳大利亚博物学家约瑟夫斯·尼古劳斯·劳伦蒂在他的手稿《龙》中，首次发表了对洞穴动物科学性的描述，即盲眼的水陆两栖动物洞螈。1689年，约翰·维克哈德·冯·瓦尔瓦索已经提到过这个物种，他写道，这种动物从斯洛文尼亚的泉水中出现，当地人称它们为龙的后裔。劳伦蒂描述的物种是他在洞穴外面发现的；又过了30年，在洞中一直没有搜集到“洞螈”，或叫作“人鱼”的动物。自从在200多个地下洞穴里发现了这种苍白的盲眼洞螈，它们就成了最著名的深洞物种。由于皮肤苍白，洞螈的绰号叫作“人鱼”。当然，具有讽刺意味的是，洞螈的色素减退正是为了适应人类无法生存的环境，是进化的一个结果。

皮潘和卡尔弗暗示，“洞螈的外貌十分奇特，像是真实的动物和想象出来的动物之间过渡的桥梁”。在克里斯托弗·梅里尔的《徒留指甲》一书中，谈到了这种神秘生物的象征意义和文化意义，它甚至成为斯洛文尼亚的国家符号：

“尽管有人说洞螈是龙的后裔，照片显示了它的蜥蜴血统。30厘米长，颜色像高加索人的肤色，在阳光下会晒成古铜色，越往洞穴深处，洞螈的颜色越浅。有一双手、一双脚、一对眼睛、蠕虫样的身体、扁平的尾巴，这个形象活脱脱地是从亨利·米肖想象的黑暗世界中走出来的。洞螈最像人类的胚胎，它们的肺部萎缩，通过鳃来呼吸。人们常常把它们偷偷放在世界各地的洞穴中，但这种‘移植’从未成功过。一旦离开本土，洞螈便无法存活。”

梅里尔与斯洛文尼亚作家阿莱什·德贝尔雅克结伴旅行时并没有看见人鱼。阿莱什说：“人鱼钻到洞穴深处躲避游客了……它们忍受不了人类。”

由人鱼引来一堆想象——龙、蠕虫、人类胚胎。在对洞穴黑暗区域的生活进行描述时，无论是虚构还是真实的，和上述这些意象相关的思维方式都占有重要一席。许多动物为适应洞穴生存，在进化过程中样貌发生了奇特的变化。这些奇怪的动物十分引人注目，尽管它们栖息地人们进不去。一方面，食人的有机物和动物根本不是人类，教科书、学术论文和科普出版物都一再指出，穴居者以及它们的“水生邻居”有着“奇特的形态”和“奇怪的行为”。在永久黑暗地生活的动物，更多的时候会让我们想到由 J.R.R. 托尔金和史蒂文·斯皮尔伯格或是霍华德·菲力普斯·洛夫克拉夫特想象的物种，而不是我们在“现实世界”可能会遇见的东西；另一方面，洞穴在对地球的拟人化描摹中也扮演着重要的角色：洞口常常被描绘成嘴巴，弯弯曲曲的通道像肠子，深处的空洞是子宫或是脑洞。简言之，我们对洞穴的思考是非常困惑的，它们是超越人类能掌控领域的“别处”，仍旧把洞穴及其居民视为人类生活的类似物。

在吉姆·莫里森看来，“在子宫里，我们是盲眼的洞穴鱼”。西尔维亚·普拉斯描写光滑的钟乳石在“大地母亲的子宫中滴水”。肯内特·斯莱塞的诗歌《沉睡》提到，她肚里“巨大的洞”是庇护所，直到“生命被无情的手术钳召唤”。倒转使用这个无处不在的比喻也只是很普通的：在文学和艺术作品中经常重复出现把进入洞穴想象成重新回到母亲身体里的一种体验，或广义地理解，回到人类的史前社会。

在太阳光照不到的地方探险经常被认为是人类生存方式的退行行为，是退化和疏远的过程。因此，大多数体

展示波斯托伊那洞中的洞螈的明信片，斯洛文尼亚

现人类社会特性的事情，如生命、阳光、运动、色彩、变化、声音和气味，在洞穴中都是不存在的。事实上，洞穴没有尽头（仅指人的身体不能通行的地方）反过来也让人类把洞穴视为与人类自身无法掌控的地界相联系的纽带。

从某方面来说，人类显然会通过与其他生存模式的比较来体会在地表生活的意义，换句话说，人们会不断地把对洞穴生活的想象与对外星球生命的想象放在同样的位置。

人类属于地面世界，就这个观念而言，最具代表性的化身可能是古鲁姆，由托尔金创设的令人厌恶的吃鱼的洞生人。古鲁姆在《霍比特人》(1937）中首次登场，是个“黏滑的小人”，当地人很少见到，他们“有种感觉，在山脚底下，潜藏着令人不快的东西”。在《指环王：护戒使者》(1954)，即《魔戒三部曲》第一部中，读者了解到古鲁姆曾经属于爱好和平的河民中的一员，但很久以前发现了暗溪边一个小洞，他像一条钻进山丘中心的蛆虫一样钻进了洞里。古鲁姆在潮湿黑暗的地方待久了，他也发生了变化，以便在心理上和行为上适应洞里的环境。古鲁姆在一条地下冰河划着他的小船，双眼如苍白的灯光，搜寻着盲鱼，伸出长长的手指，想抓住它们。根据托尔金的三部曲改编的电影大片夸张地塑造了古鲁姆适应地下生存的外形特征：书上写他像黑暗一样黑，瘦瘦的脸上有两只大大的苍白圆眼睛，但在银幕上，他的皮肤是苍白透明的，行动起来静悄悄地屈膝蹲伏。这是模拟了在食物稀缺的生态系统中，动物为适应环境采取的行为模式。

佩雷·阿尔伯奇在《洞穴生物学的自然历史》一书前言中强调，地下空间及有机物极其另类：“神秘且残酷，居住着奇特的物种。这样的句子可以作为科幻小说的开篇，也十分贴切地表述了地底下的环境及动物的特点。”作为自然环境的组成部分，在我们讲述地球故事时即便对确知的事实进行描述，也不可避免地会受想象的影响，洞穴就是个很明显的例子。阿尔伯奇解释说，占据主导地位的观点仍是一种假说，认为洞穴生物学是“洞穴之谜”的成果。他写道，“由于洞穴很难走得进去，洞穴及其周边环境谜团重重。毋庸多言洞中的动物多么美丽奇特，仅仅能到达那里都已经是非常了不起的成就

金丝燕，毛里求斯暮光洞

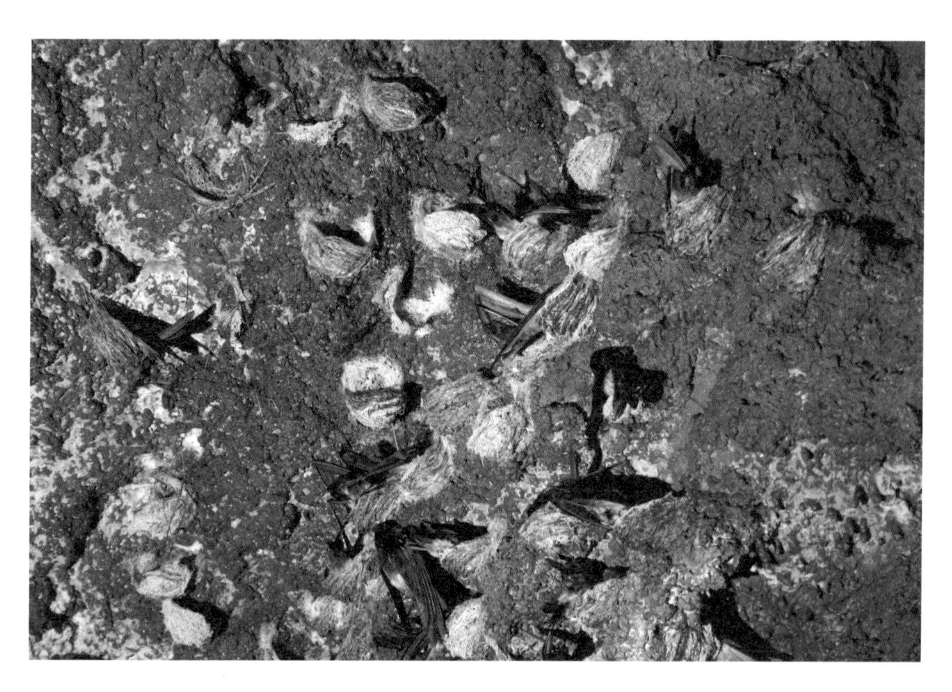

了”。他总结说，洞穴生物学综合了科学和探险，研究者在黑暗中冒险前行，搜索生命迹象。

人类肉眼可见的、有关洞穴存在生命的最丰富的证据都在入口区，那里光线最亮，动植物依靠地面条件可以大量生存。当我们进入昏暗的弱光区，太阳光仍旧能透进来，但由于洞壁和洞顶封闭，植物和食物变得更稀缺，生命越来越难以存活。继续朝深处走，进入一种比在正常情况下，人类无法想见的黑暗状态更加黑暗的黑暗世界，在伸手不见五指的黑暗状态下，无论等上多长时间，人的眼睛都无法适应。甚至即便借助头上小灯的照明看见了什么，这些小生命也会迅速逃走，隐藏起来。我们的感官不仅很难适应在洞中生活，而且也难以观察到生活在洞中的生命存在。从人类的视角看来，真正的黑暗区域里可能是空洞无物，没有生命的，但令人难以置信的是，一大批动物就依靠这样的环境生存。自从在斯洛文尼亚发现洞穴甲虫，约180年以来，关于生活在地下范围的有机生命体的知识进展缓慢，经常还是飘忽不定地在增长，但那些无法进入的广大区域仍有生命在地表之下存在着，这样的认知是新近才有的。

从生态学的角度来看，将“洞穴”明确定义为动物栖息地是有缺陷的。就地理学而言，地下周边环境由广泛关联的网络构成，在纵横交错的空间里可能会有空气、淡水或淡盐水、盐水。区分洞穴和其他地下空洞的标准是依据它们的大小，小型洞、中型洞和大型洞。“大小适当的洞穴”一词是1966年瑞恩·L.科尔在《地质学年鉴》上提出的，指大小足以容纳人类进入的天然空洞。生物学家马克斯·莫斯利有不同看法，他认为这些标准太随意，与洞穴地质学和生态学没多大关系，或者根本没有关系。“从形态上来区分大小适当的洞穴和小一点的洞……纯粹是人类中心说。”重要的是，整体看待洞穴，把它们视为地下世界的小部分，这不会降低它的重要性，反而能够重新定位它们在巨大的、不可估测的生态系统中应有的位置。因此，莫斯利提出了对洞穴的再定义，我们称为洞穴的较大空洞作为生态交错地带，是一侧位于地表，另一侧是岩石裂隙系统，是环境和动物区系的过渡地带，中间是“巨大的地下生物群系和外面的地上世界”。

莫斯利承认，他对洞穴的再定义在有些人看来是给洞穴降级了，是有争议的，接受这个再定义，意味着完全反转长期以来建立起来的传统观点，即那些有关洞穴及与它们相关联的更小的地下空间的观点。用一个“完整的生态方法”进行洞穴研究和管理，不仅对描述分析地下动物的术语的准确性提出了挑战，也会对生物洞穴学产生深远影响。

有关“洞穴动物”最早的分类系统把黑暗的程度作为栖息地最重要的特征。1849年，丹麦博物学家约根·马蒂亚斯·克里斯蒂安·席尔德第一次对洞穴动物进行分类：阴影动物、弱光动物、黑暗区动物和生活在钟乳石上的动物。仅几年之后，1854年，伊格纳兹·鲁道夫·沙

喀斯特地貌，中国桂林

因根据物种与洞穴环境之间联系的密切程度不同，提出了新的分类系统。由于生态学概念的缺位（直到 19 世纪 70 年代，这个词才成为通用的英语词汇），因此，对 21 世纪的科学家来说，这些系统存在局限性并不奇怪。1907 年，

罗马尼亚动物学家埃米尔·拉科尔策对沙因的命名法进行了修订，保留了多数今天仍广泛使用的术语，当然是对非专业人士而言的，它们是之后大多数系统的基础。

1907年，拉科尔策的《论洞穴生物学的有关问题》标志着现代洞穴生物学的诞生，尽管拉科尔策强调，狭窄的石灰石裂隙也应视为地下栖息地。直到最近，对地下生物学的研究绝大部分仍着重人类能够走得进去的洞穴。被普遍使用的沙因-拉科尔策系统将居住在洞穴的动物分为三大类：真（全）洞穴动物，喜（半）洞穴动物和寄居洞穴动物。真（全）洞穴动物无法在洞外环境中生存，在体貌和行为特征上都最适合生活在洞穴深处的黑暗区域。它们范围很广，从已被确定的数千种洞穴甲虫到一小部分能飞行的真正的洞穴飞虫；从130种除南极洲外的各大陆都有发现的十分特殊的蠕虫，到长年在洞穴生活的仅存的爬行动物——马来西亚半岛和婆罗洲特有的黑眉曙蛇；从分布广泛数量众多的地下蜗牛到只在黑塞哥维亚和克罗地亚的洞穴中发现的洞蛤蜊。终日在全黑洞穴深处的有全洞穴蠕虫、软体动物、节肢动物（蜘蛛、千足虫、甲壳虫）等，但没有哺乳动物和鸟类。半洞穴动物和寄居洞穴动物不是完全的“洞穴居民”。前一种，如蟋蟀、蜘蛛和千足虫，在生命周期里经常光顾洞穴。从生物学角度说，它们并不依赖洞穴环境生存，也会出现在原木、卵石背面那些阴暗、潮湿的地方。这些“洞穴爱好者”比真正的全洞穴动物更少地显现出适

洞穴蟋蟀，南澳大利亚纳拉库特岩洞

应地下生活的行为和体貌特征。寄居洞穴动物在生命周期中仅有一部分时间到洞里来，它们到地面上寻找食物，它们中有稀客，不太经常去的、偶尔到访的，也有“常客”，它们更喜欢到地下洞穴里找食物、避风头，寄居洞穴动物的生活样式取决于它们的近似程度和对洞穴的利用程度。寄居洞穴动物包括近 42% 的蝙蝠、25% 东南亚和太平洋岛屿上特有的金丝燕，还有无数的“不速之客”，比如熊、狐狸、浣熊，它们偶尔躲避在洞中，或捕食、休憩。有些时候，访客还包括人类。最新的洞穴生物学学术研究表明，大量有意义的观念和实践问题与沙因分类模式有关联。例如，很明显，事实上从词源学上引入的前缀“troglo（洞穴）”很早就出现在地下生物学

南方长翼蝠合成照片，南澳大利亚纳拉库特岩洞

的历史上，现在广泛用来指称地下环境。

植物生长需要阳光，只出现在洞穴入口区，有大量的蕨类植物和苔类植物。大多数洞穴门口的植物没出现为适应洞穴环境而产生的变化，但也有一些适应性的变化。比如，在洞穴入口处发现，有一小部分苔藓为更好利用光照，出现一些形状比较奇特的细胞。关于植物生活在洞穴中最有趣的例子是长在熔岩管道中的树木，在

夏威夷、澳大利亚和其他一些地方都能见到。这些树给飞虱和蝉提供了丰富的食物来源，它们又成了更大的洞穴栖息者或访客的食物，比如蜘蛛和百足虫。

进入20世纪，科学家们认为洞穴是内涵丰富的特定环境，因此把它们看成理想的天然实验室，用来检验生物学和生态学的核心理论，尤其是与进化过程中的适应性变化相联系的理论。然而，不管怎么去理解洞穴，洞穴生物学家并未从世界上任何一个洞穴中搜集到一套完整的有机物的数据。而在外行眼里，洞穴中真正黑暗区域里可能是一片不毛之地，在中型和小型的洞穴里，是完全看不见生命的。然而，持“洞穴即岛屿”观点的人认为，地下环境显然为科学家提供了取之不竭的未知物种的样本。大卫·爱登堡在BBC纪录片《地球》(2006)的解说中，重复了传统观点：

> “很多洞穴如同岛屿，与外部世界和其他洞穴相互隔绝。在这种与世隔绝的状态下，生物在进化中形成了一些非常奇怪的特征。它们未见天日，也是未曾走出过洞穴的洞穴专家、穴居动物。”

接着，片子向观众介绍了神仙鱼，这种鱼属于爬鳅科，只在泰国的洞穴瀑布中发现过。这些神奇的动物，鱼鳍上长着只有在显微镜下才能观察到小钩子，可以攀附在洞壁上，以食用高速流水中的细菌为生。爱登堡推测，它们可能是地球上最特别的生命体。观众为神仙鱼的奇特惊叹不已，没有眼睛的水生脊椎动物，用像鱼鳍一样扇动的白翅膀在墙上行走，它们的表皮太浅了，以至于粉红色的内脏器官一目了然。这部纪录片第一次拍摄这种神仙鱼。拍摄时，摄制组工作人员戴着防护面罩，带着氧气瓶，来应对洞穴深处氧气和二氧化碳含量的异常波动，在高速强大的水流中很难站直。主流的自然题材纪录片，可能很难避免人类中心说的倾向，因为我们无法理解这些动物存在的事实。然而，《地球》中描述的洞穴动物，给我们提出了一个重要的问题：拿一个极端的生态系统来作为我们思考洞穴生活的起点有什么意义呢?

想象生物在一个永远黑暗的洞穴中的生活和栖息方式的难度，可能和想象人们在其他星球上如何生活差不多。而对生活在洞穴中的神仙鱼和其他洞穴物种来说，这是再寻常不过的了。挪威考古学家海因·巴特曼·巴克写道："在洞穴中就像是死了，或是尚未出生。"他认为，生活在洞中最深切的感受不是在地下得来的，而是重返外部世界重见光明的那一刻：此前在黑暗空间里度过的时光，你什么都看不见，此刻，感官能被重置了，你会受到强烈冲击，所有寻常的事物都会把你的大脑和感官塞得满满当当。

由此可见，地底下生活和地面上生活一个重要区别就是缺乏光线。20 世纪 70 年代，研究人员在洞穴待了一个星期，拍摄影像资料，照片完全是空白的；洞穴中的绝对黑暗对其中的生态系统是相当重要的。除了发出蓝

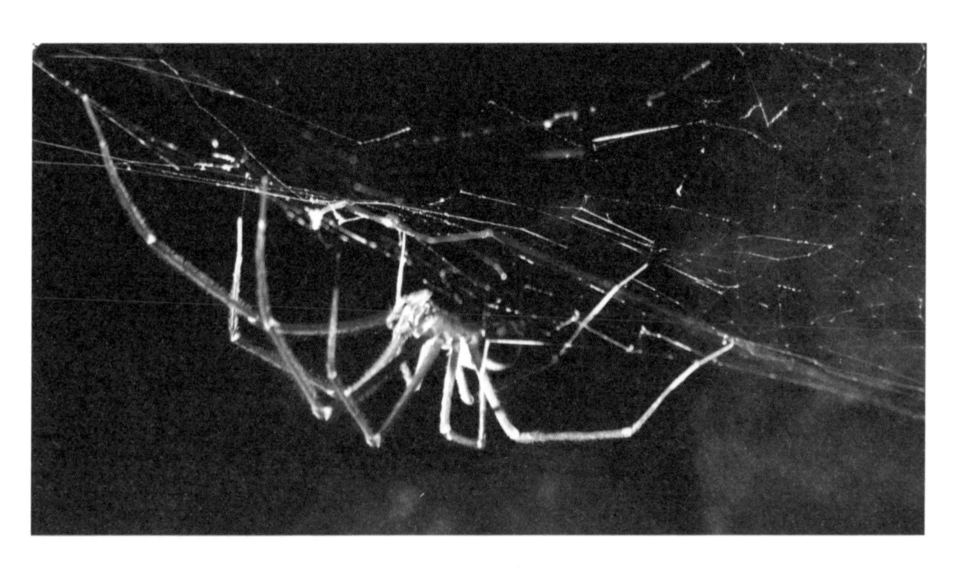

洞穴蜘蛛，塔斯马尼亚檫木洞，澳大利亚

绿光的蠕虫，一种类似蚊子幼虫的飞虫，洞穴中没有别的光线。只有在澳大利亚和新西兰的小部分洞穴中，能见到发光的虫子：它们体内的化学反应让身体发光，把飞行的昆虫吸引到它们用黏丝织成的网或陷阱中。这种适应黑暗生活的特性非常少见，因为有些洞穴生物学家认为，洞穴栖息地完全没有天然的照明。

生物学家试图寻找并理解洞穴黑暗区中动物的“适应性变化”，这是最重要也是最有争议的一个论题。1962 年，肯尼思·克里斯琴森用“洞穴形态学”来表示有机生物在地下栖息地发生的形态适应性变化。这个概念最早由克里斯琴森在洞穴杂志上提出：“重新强调生物洞穴学分类中，更注重有机生命的形态而不是生态。”“troglomorphy（洞穴形态学）”（形容词为“troglomorphic”）现在是洞穴学标准词汇之一，经常列举最普通的一些为在黑暗区生存而产生的适应性变化："眼睛和肤色的消失或大幅度退化，经常伴随身体和附属器官的变薄变细。"洞穴生态学及其相关的适应性进化理论始于这样的假定，那就是洞穴有机生命在进化过程中直接形成的一系列体貌特征，以适应周围的环境。这个新达尔文主义的范例引人注目。比如，眼睛对于终身在黑暗地方生活的物种而言，是没有作用的。所以，在各自并不互相关联的洞系中，都发现了这些眼睛退化或没有眼睛的生物。

很多洞穴研究中，会对比地表栖息地和洞穴中物种发生学的不同之处。比如，1995 年，有关穴居和泉居的端足类甲壳种群的研究发现，"两个不同栖息地生物，眼睛的大小呈相反的变化，在溪水、泉水里的生物，眼睛比较大，在洞穴中的生物则是小眼睛"。然而，越来越多的研究者也提供了不支持洞穴形态学的强有力证据。在近期一个洞穴生物学综合考察文献中，皮潘和卡尔弗研究发现，洞穴形态学既不局限于洞穴深处，也不像认为的那样广泛适用于这些环境中："我们不再认为地下栖息地和洞穴适应性变化的物种主要限于洞穴深处。"基于这样的分析，洞穴不再具有独立环境特征，而被归入地下栖息地范畴，与其他几个连续的选择性因素（是否缺乏光线；与地表环境的关联度；能获取的营养要素的数量和总类；有机生物物种之间竞争的强度）共同发生作用。

关于洞穴动物行为方面的适应性，通常被解释为：在无法生产基础能量的环境中，为争夺食物而不断进化

洞窟城堡，斯洛文尼亚

的结果（“洞穴适应性”一词现在也用来指形态、心理、行为方面的适应性）。所有的生命都需要能量，地球上主要的能量来源是阳光。这就意味着每一个洞穴，在它的深处，都有一个同分异构的生物层：指某个区域在极端的环境条件下，无法进行光合作用，必须从外部引进食物和能量的来源。营养物质可以从地表渗透或随流水而来，也可以通过动物的运动或风力或重力作用而来。有些动物习性呈现出与地面行为不同的变化。比如，婆罗洲黑眉曙蛇长年生活在地下。它们紧贴着垂直光滑的岩壁，有蝙蝠和金丝燕路过时，它们会伏击猎物，跃到半空中去捕食。另有一些动物的习性看起来更符合地下环境的特征。专门在地下生存的有机生物里，有一个最明显的例子就是那些活跃在富含养分的蝙蝠粪中的生物，有时候被称为“粪虫”，以体现其独特性。

洞穴在人类生活的历史上居中心位置。19 世纪早期，欧洲第一批洞穴勘探者在洞穴中发现了地底下的石器、陶器碎片以及近似人类的物种和已经灭绝的动物遗存。这些发现否定了一些书中预估的地球年龄，将生命的起源追溯到 6 000 年前。同时，这也挑战了 18 世纪的观点，即所谓承认灭绝的动物存世过，但它们没有与人类共同生活过。贾恩·西梅克解释说：“考古学是从西欧洞穴的嘴巴里诞生的，它包含了人类历史上最重要的智力变化之一：认识人类的古老。”

4. 探洞者、探坑者：探索洞穴

“洞穴的嘴巴令我们联想到什么，引发了我们哪些奇怪的念头，推动我们去探索？”

1953 年，C.H.D. 克林弗德在《英国探洞》简介中提出的这个问题，并没有简单的答案。洞穴科学史家特雷弗·肖说，人们“探索洞穴”时，面临着“不适和危险”，主要有四个原因：

（1）简单的好奇心；

（2）科学的好奇心；

（3）商业性探险；

（4）享受一种充满挑战的运动。

英国洞穴考古学家埃德蒙·J. 梅森在他的《洞穴及在英国探洞》一书中，解释了他对搜寻地下新疆域很感兴趣：“这是挑战，也是冒险，我很感激陪伴我一起探索洞穴的弟兄们……但探洞远不仅仅是冒险。”尽管梅森如是说，但从 19 世纪晚期威廉·博伊德·道金斯的说法

（猎穴人抓住了被人遗忘的地方发现知识）；到卡里·J.格里菲斯对现代探洞者的描述（他们愿意冒着生命危险走到无人涉足的地方），这些都说明探险仍是洞穴探索史上最主要的题中之意。

1922 年，当法国洞穴探险家诺尔贝尔·卡斯德雷沿着一条未知的通道进入比利牛斯山中时，他发现了动物遗迹、一块“无疑是被人类打磨使用过的”燧石、塑像和雕像，洞壁上有人类手指涂鸦的印记。在美国，对洞穴考古学的兴趣可以追溯到 19 世纪后期，在 20 世纪后期加速发展，很多有意义的考古发现，表明古代人已经探索和使用地下深处的洞穴，用于墓葬，或作为特殊的宗教和世俗活动场所，或用于储藏东西。例如，1988 年，探洞者给科罗拉多落基山脉中洞穴取名豪尔格拉斯洞并

M. E. 雷尔顿的一个假想洞穴的典型探洞计划，来自 C.H.D. 克林弗德的《英国探洞》

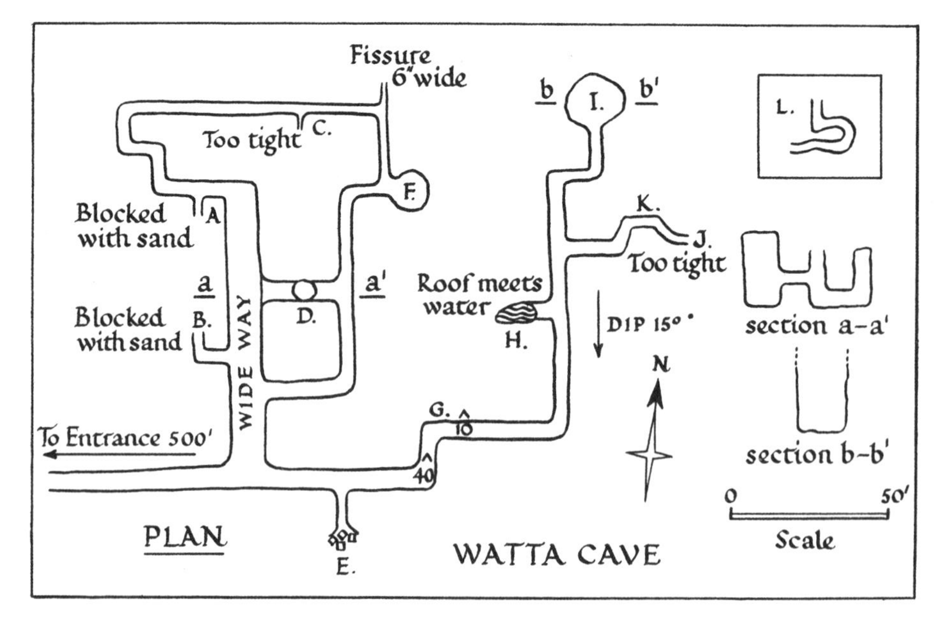

探洞者，塔斯玛尼亚蜂巢洞，澳大利亚

绘制了地图，发现洞里有人类骸骨遗存，考古学家能认定是8 000年前的，这为美国高纬度、黑暗区洞穴探险提供了证据。同样，在中美洲的伯利兹，洞穴学和地貌学探察也有重大发现，洞里的遗存可以让我们进一步了解古代玛雅人使用洞穴的情况。是什么原因使得史前人类放弃洞穴入口区而深入到洞穴的绝对黑暗区呢？能否把他们称为“探险者”呢？

在很多地方的洞口区，有岩石遮蔽物可用来避难、畜养动物、储存东西。普遍的观念认为，现代人是从“洞穴人”进化而来，把这些地方想成房屋和建筑的前身。但强有力的证据也显示，洞穴开口处是被看作通向光明世界和超越日常生活的入口。史前人类抵达洞穴深处的旅程只能告诉我们故事的一个方面。在洞穴中生存的独特体验，体现了石器时代的洞穴访客和今天普通的洞穴探险者很多相似之处。埃蒙·格雷南在诗歌《洞穴画家》（1991）中想象早期人类向黑暗更深处逼近，直到他们站在暗光闪烁的巨大子宫面前。他们手持火把，在贝壳里调颜料，碾碎矿砂，执羽为笔，把动物和人的形象涂抹到岩石上。诗歌叙述中承认，我们永远也无法知晓他们为何会选择这样的环境来作画，但诗歌最后一节笔调欢快，强调那根本无所谓的。

“我们知道

他们曾举着燃烧的火把

来到黑暗中，与他们的世界约定；

他们一定是在蛛光中稳稳移动双手，

我们知道：越过分界区之前，

他们不知何处，

正是此处，在他们身后

在黑暗中留下了这些的光华之作。”

“不知何处 / 正是此处”不仅简要概括了如何区分未知的空间和确知的地方，也囊括了人类探索地球的目标和成果。人类探寻自然地下环境的历史可能和人类本身的历史一样久远，而洞穴探险作为一项特定的活动是近代才出现的。

少数几个科学家，如著名的约翰·维克哈德·冯·瓦尔瓦索、约瑟夫·安东·纳格尔和阿道夫·施米德尔在 17 世纪、18 世纪和 19 世纪早期出于研究的目的，积极探索洞穴，而有组织的探险活动直到 19 世纪晚期才自成气候。被公认为现代洞穴学之父的法国人爱德华·阿尔弗雷德·马特尔于 1888—1914 年，在他的祖国法国和其他地方探索了 1 500 个洞穴。他最重要的探险活动包括 1888 年 6 月 28 日，第一次在法国南部高原，经由布拉马比地下河横穿康普里厄，这被认为是现代洞穴学的诞生之日；1889 年，他进到法国洛特地区帕迪拉克洞（如今法国参观人数最多的观光洞窟）；1895 年，他游历不列颠群岛时，到北爱尔兰大理石拱洞和约克郡盖平吉尔洞探险；

走出蜂巢洞，塔斯马尼亚

1895 年，E. A. 马特尔在约克郡盖平吉尔洞主洞井，由卢西安·鲁达乌斯绘制

1897 年，他在法国洛泽尔发现巨大的阿旺阿尔芒溶洞。

英国最深的洞穴盖平吉尔洞，深 111 米。1842 年，最早试图到洞底的是约翰·伯贝克。1872 年，剑桥大学地质学教授托马斯·麦肯尼·休斯未能成功到达洞穴底部。爱德华·卡尔弗特几次计划尝试，但计划多次被搁置，直到 1896 年才到达洞底。颇具讽刺意味的是，法国人E.A.马特尔在1895年8月1日，第一次入洞就到达了110米深的洞穴入口区。不太走运的卡尔弗特清晰地描述了马特尔下到洞中的情形：

“他用一把只有91米长的绳梯往下探，顶端用了两股绳子，扔到地面上，之后在一群心怀敬畏的观众的注目下，他开始往下行。碰到暗礁，他发现绳子的底部扭成一堆，他解开绳子从边上再次扔下去，然后继续向下，到达了洞底，所见到的情景给他留下了深刻的印象。”

这次具有历史意义的探洞下行过程持续了23分钟。一到洞底，马特尔就绘制了一张惊人准确的洞穴地图草图，之后他才发现电话生命线不起作用了。当地面上的同伴终于意识到他想爬上来的时候，马特尔已经在洞底待了一小时又一刻钟。往上爬了28分钟后，马特尔到达了地面，他冻得脸发青，即便喝了朗姆酒，一时也缓不过来。

迫于马特尔下探盖平吉尔洞的压力，许多英国老牌探洞俱乐部纷纷建立起来，尽管历史最悠久的约克郡漫步者俱乐部早在马特尔下洞前三年就成立了。此后，英国的洞穴探险活动进一步发展，包括赫尔伯特·巴尔奇对门迪普喀斯特溶洞（英国四个洞穴地区之一）的早期探险。另外几个洞穴地区是南威尔士、德贝郡和北部地区（北约克郡、兰开夏、坎布里亚郡、达勒姆的部分地区）。1896年，马特尔写道："探洞者要玩遍大不列颠的'黑暗游乐园'，还得花上很多年。"

今天，英国探洞者为探索处女洞经常到国外去。

> "更远的地方，比如，整个东南亚，有数量巨大的未被探知的石灰石溶洞。每年远道而来的探险者到访中国、越南、马来西亚和巴布亚新几内亚，那里有巨大地洞开口等着人们去探察。我们几乎没有开始世界范围内的洞穴探险。"

2011年，探洞活动达到一个高点，由200个英国探洞者组成的团队用40多年的时间，连通了在坎布里亚郡、兰开夏和约克郡地下绵延超过102千米的通道，使这个连通三郡的系统成为英国最长的洞穴网络，在全世界位居第12名，这也表明，在英国的洞穴探险还没有完结，仍有一部分所谓的"黑暗游乐园"有待发现。

马特尔下探到盖平吉尔洞时，戴着一顶皮帽，穿着有小洞的靴子，一旦进水可以让水自己流出去。鲍尔奇到地下时，戴的是布帽子，穿着旧礼服。梅森回忆他早年探洞时，戴着一顶旧的软毡帽。但这种情况势必有所改变，20世纪以来，探险和技术革新共生发展。电石灯取代了蜡烛，接着又被LED替代；尼龙绳取代了大麻绳；旧衣服换成了便于活动的连体紧身衣和有技术含量的专业服装。

2011 年，布拉德福德探洞俱乐部下探盖平吉尔洞

第一次世界大战之后，洞穴学领域有两个人声名显赫——罗伯特·代·乔利和诺尔贝尔·卡斯德雷，他们继承了同胞马特尔的衣钵，对法国西南部的洞穴进行了系统的探察。两人都是旧时代该领域活跃的探险家，乔利的《一个洞穴学家的回忆录》（1975）和卡斯德雷的《地里十年》（1939）分别记述了他们的探险活动。60 多年来，代·乔利一直是个活跃的洞穴探索者和探洞活动管理者，尤其对科赛朗格多克感兴趣。他 1935 年在阿尔岱什发现了奥尔尼亚克拉旺洞，1939 年该洞开始对公众开放。早在 1929 年，他用一架自制的轻质钢索梯，到达了巨大的、190 米深的克罗姆马丁洞底部，该洞位于上阿尔卑斯（此举打败了马特尔，在 1899 年的时候，他还只能到达洞穴的 70 米深处）。到 1963 年，他的朋友卡斯特雷已经在半个世纪的探险活动中，探索了 1 200 多个洞。1926 年，卡斯德雷与妻子伊丽莎白（后来他还与自己的两个女儿一起探洞）一起探洞时，发现了后来被命名为卡斯德雷石窟的地方。那是一个壮观的石灰岩冰洞，位于比利牛斯-珀杜山，像是儒勒·凡尔纳小说里的常见场景，只是那地方不在文学作品中，而是在现实生活里。1935 年，他到达了马特尔洞 243 米深处，该洞在阿列日省。他写下 47 本有关洞穴和探洞的书，这笔惊人的文学遗产也是他探险生涯的重要补充。在《地下的黑暗》（1954）的最后一章里，他提醒读者地下探险危险重重：

奈卡水晶洞中巨型的石膏结晶体　墨西哥奇瓦瓦

“必须认识到地下总是潜藏着危险，每一个错误，每一个愚蠢的行为都会立刻遭到惩罚，那是不可避免的，而且常常是重重的惩罚。”在他之前和之后的伟大探险家都深谙此理。

从1936—1947年，在跨越第二次世界大战的12年间，有一个包括皮尔·舍瓦耶和费尔南德·佩茨尔在内的洞穴探险队，经过65次征程，在法国格勒诺布尔附近的克罗勒峰地下工作了总共1 111小时，最低到达地下658米，是当时探明最深的洞穴。为解决必备品和实验之需，新的探洞技术和先进装备得以发展。1940年，舍瓦耶和佩茨尔首次使用了他们自己发明的有接缝的缩放杆。1943年，他们首次使用尼龙绳，此举被舍瓦耶称为“洞穴学的福音”。1934年，舍瓦利耶和亨利·布雷诺特成为先行者，第一次在地下使用一种新装备——机械性绳索上升器（布雷诺特的“猴子”）。所有这些技术创新都源于一个目的：最大限度拓展在地下世界探险的可能性。事实上，在法国探洞俱乐部和探险队的成立不到十年的时间里，三次刷新了世界洞穴探测深度的纪录，第一次是1956年，一个包括佩茨尔在内的探洞队抵达古夫尔贝热洞1 122米处，比之前深了1 000米；2012年，一个200人规模的欧洲洞穴探险队由雷米·利马涅带领，试图探索这片大型洞系的最远端，并绘制出地图，现在该洞穴深度名列世界第28名。

无论是否真如他墓志铭上所言的“史上最伟大的洞

匈牙利探洞者在意大利的地震洞适用远距离探测器

穴探险家”，弗洛伊德·柯林斯确实称得上美国洞穴探险史上了不起的人物。他在肯塔基猛犸洞地区奋斗了一生，据他的兄弟荷马说，他从6岁开始就独自一人对离家1.6千米远的盐洞进行了严肃认真的探查。他年复一年在地下通道爬行搜索，希望发现一个有商业开发价值的洞穴。1917年，柯林斯完成了他的一大发现：水晶洞，得名于洞内丰富的石膏花，该洞于1918年向公众开放。然而，具有讽刺意味的是，柯林斯被人们记住并非因为他是一个技术高超的探洞者，而是他的死法。1925年1月30日，他在沙洞的一条狭窄通道里被困住了，一块岩石紧紧卡住了他的脚。他明白这是个严重的麻烦：他确切地告诉了荷马他发现了什么，自己又是如何被困住的。“荷马，那地下有个很大的凹陷，我知道它通向一个大洞，里面有进出的口。但我得找一条更好的路下到那里，”他一脸痛苦地接着说，“下次再不走这条路了。”

14天之后，他饿死在那里。救援者多次试图接近他，但令人绝望的是，始终没能成功。媒体报道了他的故事，引起全国轰动。

驱使柯林斯以及他之前和之后的洞穴探险家行动的动机被帕特里夏·卡门贝思清晰地捕捉到了——

在洞穴探险中，最首要的问题很简单：到那儿去吗？这个问题勾起了洞穴探险者的兴趣，驱使他/她的好奇心去寻找答案。不过答案只会带来更多的问题，比如，

一台**20**世纪**60**年代由英国制造的电石灯

多远、多长、多深……

1941 年，美国国家洞穴学会（NSS）成立，之后美国有组织的探险队迅速发展，以促进对洞穴的探险和保护。NSS 成立初期，到新洞穴探险的第一人会习惯性用电石灯的灰烬把他 / 她 NSS 会员的编号写在洞穴入口处和抵达的洞穴最深处。现在，这种留下探险记录的办法已经不再使用了。不过，多年来这种办法强化了很多探险者的动机：进到一个前人未曾见过的洞穴去。

美国探洞者对地下探险活动做出了重大贡献。在 19 世纪中期，史蒂芬·毕肖普担任旅行向导，负责猛犸洞大量的探察和制图工作。比尔·库丁顿被亲切地称为“垂直的比尔”，在美国被认为是垂直探洞（即利用绳索下降或上升）之父。1972 年，帕特里夏·克劳瑟迫使她清瘦而结实的身体穿过一个关键点，找到一条可行之路，最终能连通弗林特岭洞系和世界上迄今已知的最长的猛犸洞。研究喀斯特地貌的科学家威廉·B. 怀特对美国洞穴探险者最大的贡献可能并不是他对喀斯特水文地理学的科学发现，而是在 20 世纪后半期，推动发展了在探察未知洞穴时遵循“跟着地图走”的理念。探察新发现的通道会大大减慢行进速度，专业探险队每小时前进都不超过 46 米，但对有经验的探洞者来说，匆忙发布一条已知地图上没有的新通道是严重的违规行为，有时甚至是危险的。

1980 年，很多人认为汤姆·米勒和皮特·史夫莱特完成了美国探洞史上最伟大的一次探险旅程，同时也是声名狼藉的一次旅途。两人都加入了探险队到大X洞探洞，在怀俄明的比格霍恩山借力此前的国际探险队的发现进行探险。1980年8月17日，他们全副装备齐全开始进发。他们希望在新发现的多姆拉克洞和已探知的大X洞上层通道之间发现一条新的线路，如果成功的话，就意味着将刷新美国探洞深度的新纪录。他们在洞中遭遇的探察条件是一场噩梦，在筋疲力尽地爬行时，冰冷刺骨的水向他们冲来，刀锋般锐利的洞壁像“魔术贴”勾住了他们的衣服，但迎面吹来的风提示他们，还未到洞穴尽头，这点燃了他们继续前进的决心，尽管这意味要冒很大的风险，可能会坠落、引发低体温症状、被卡在无法通过的裂隙中。在探察的最远点，他们将那个地方命名为连接瀑布，米勒和史夫莱特放弃了“跟着地图走”的原则，继续向着胜利前进，他们终于走通了，并在美洲地理纪录上添上了新的一笔。回到地表时，他们兴高采烈，但爱达荷州的探洞者吉布·布莱克里回忆说：“汤姆·米勒对某些人来说是个犯忌讳的字眼……他和皮特在大X洞的抢先行动让每个人都很恼火。”对那些渴望更多了解地下世界的人们来说，他们在大X洞鲁莽的冒进行为（他们将最危险的通道称为“死里逃生”）正体现了地球对渴望求知的地下探险者的威胁、恐吓。

谈到洞穴学，我们不可避免地要为在人类求知之路上逝去的生命感到哀伤。对科学家而言，将洞穴比喻成墓地是辛酸的事，他们意识到，即便计划再周全，如果

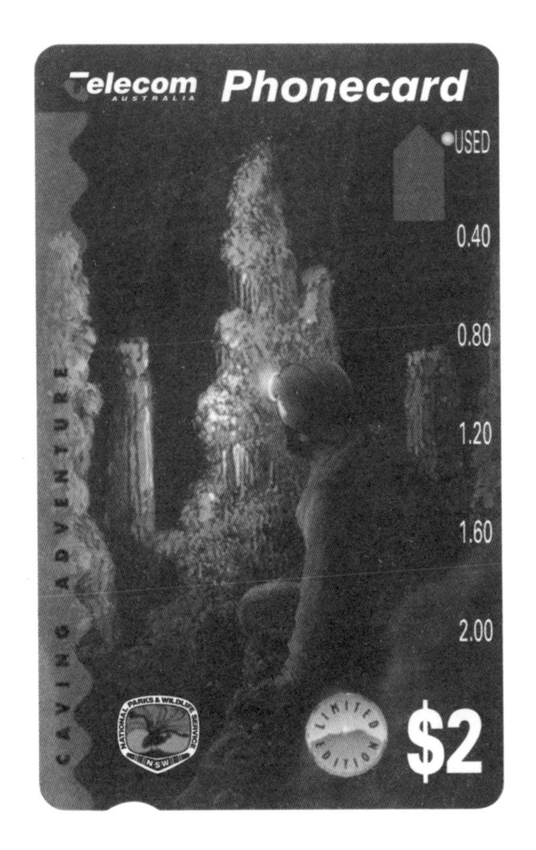

1993 年，由澳大利亚电信发行的“洞穴探险者”电话卡

探险者在地下受伤或是被困住也会是很危险的，有时候在那样的环境中，根本不可能实施有效的救援。洞穴救援与山地和其他野外救援是不一样的。1935 年，约克郡成立了世界上第一个洞穴救援组织。第二年，门迪普救援组织（2008 年更名为门迪普洞穴救援）在萨默塞特成立。在英国，这些志愿救援队的代表英国洞穴救援委员会也成为国际洞穴联合会的一员。1991 年，在新墨西哥州的莱切吉拉尔（龙舌兰）洞中约 3.2 千米处，艾米莉摔断了腿。对艾米莉 · 戴维斯 · 莫伯里为期四天的漫长救援过程很有名，也是记录完备的一个成功案例。另一个成功的救援行动是在 2012 年，位于克罗地亚垂直洞系的奇塔戈斯尼亚洞，探洞者马里扬·马洛维奇由于锚板故障，掉落在 483 米处，腰椎受伤。来自克罗地亚 16 个山地救援服务站的 114 名救援人员展开了两天的救援行动。还有一些洞穴事故是致命的。近年来，在法国古夫尔贝热洞发生 6 起恶性事故，包括 1996 年英国人尼克·多利莫尔和匈牙利人伊斯塔弗·托德双双殒命，其中有 5 起是由于强烈的山洪涌入洞中，该洞曾被视为世界上最深的洞穴。

詹姆斯·M. 塔伯的《盲降》一书，讲述了 21 世纪的两个洞穴探险者非凡而哀婉的传奇故事，他们试图完成最后一个伟大的地理发现……找寻地球上最深的洞穴。2004 年，美国探险家比尔·斯通带领一支探险队前往南墨西哥，决心探到地层最深处。同一年，乌克拉人亚历山大·克里姆丘克正面向库鲁伯亚拉洞进发，那是格鲁吉亚共和国的一个超级洞穴里的一个冰冷噩梦。塔伯创造了“超级洞穴”一词，他在探险小说《纵深区》(2012) 中运用了这个词，指地球上最大、最深的洞穴：

“如果你想象着把珠穆朗玛峰倒过来，那倒是很好的想象。一方面，它很深很深。格鲁吉亚最大的洞穴库鲁伯亚拉洞垂直距离约 2 133 千米……所以，相当于 7 个帝国大厦……而它的长度也有相同的意

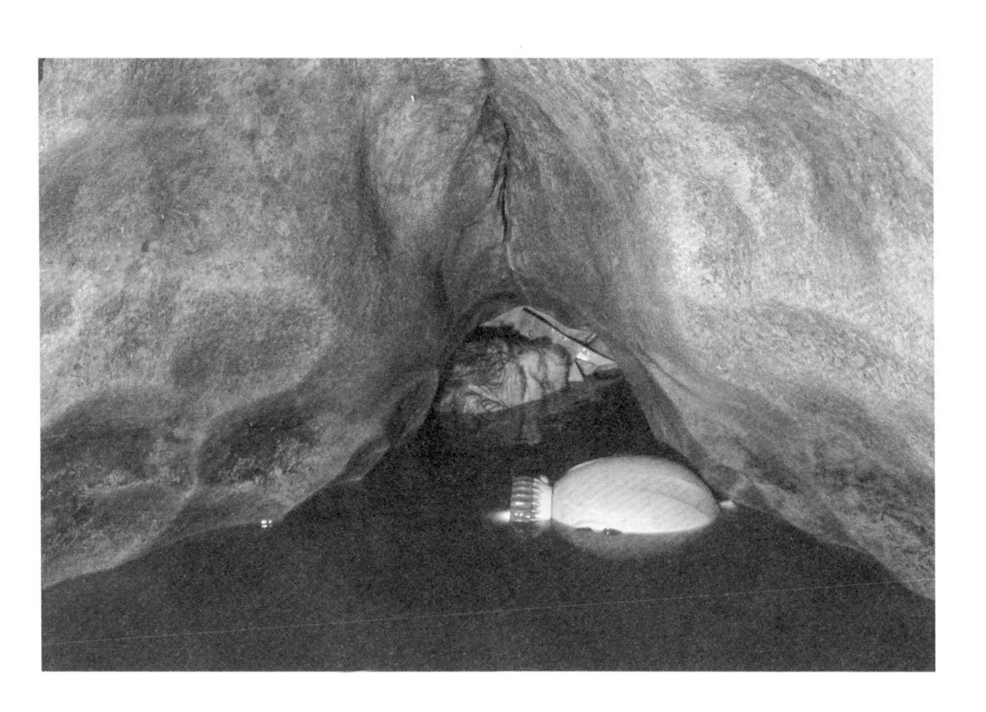

北部博格特探洞俱乐部托尼·布朗，成功通过了约克郡盖平吉尔洞系的一个入口“沮丧之盆”

义。从洞口下到洞底有约 14 千米深。探险者要花上一个星期的时间才能到达可以进行探险活动的地方。他们会花 7 ~ 10 天时间在那里探寻，然后再花上一个星期回到地面上。所以，完成这些行程要在地底下待上约一个月。”

对 21 世纪的许多探险家而言，洞穴为地理发现和探险提供了很好的机会，因为地下世界是现在仅有的、可被人类用来体验第一手发现的场所。看来，这个观点是包括忠实的业余探洞者以及大规模国际探险队领军人物在内的所有洞穴爱好者的共识。

塔斯马尼亚州拥有澳大利亚最长最深的洞穴，洞穴探险者杰森·加德纳在当地电台广播中讲述了自己对地下世界探险活动的热爱："这个星球上没有多少地方你能说是真正适合你去的。"这样的表述在洞穴探险传奇中是很寻常的，在洞穴潜水中更是无处不在，洞穴潜水毫无疑问是地球上野外探险中最危险的项目。洞穴潜水探险活动始于卡斯特雷特著名的洞穴"水坑"（洞穴通道中有洞壁顶部往下滴水到洞壁底部低洼处形成的）自由潜水，该洞位于比利牛斯山脉蒙特斯潘村附近。1922 年，村民带卡斯特雷特来到一个山丘底下，从岩石中流出一条小溪，他顺着小溪出现在一个 3 ～ 3.5 米宽，有宽度一半那么高的通道里。在溪流中涉水约 56 米后，卡斯特雷特发现，自己置身一个令人沮丧的地方，洞顶消失在水面以下，也就是著名的洞穴科学家勒内·吉布利尔·基恩以前止步的地方：

> "水有齐肩深，水流通往地道，与此同时我想到，在一项如此危险的事业中，独自煎熬，那是多么愚蠢的事。可能会发生什么呢？在我前面经过某段不确定的距离后，我可能会发现水面再次碰到洞顶，就像入口地方一样；我可能被岩石阻挡，前面死路一条；我到达一个地下湖；我可能来到一个峭壁前，碰上有毒的气体或是一堆被水流冲下来的枝条，它们纵横交错的臂弯里怀抱着危险和死亡。独自一人在深深的寂静中权衡了各种可能性之后，我

蜂巢洞入口区，澳大利亚塔斯马尼亚

决定继续向前，水和岩石合起来形成的阻碍似乎是不可侵犯的，如果可能，我想去穿越未知的前方。”

卡斯特雷特作了一次深呼吸（足够他在水里憋气两分钟），跳进水里，手抓住淹没在水中的洞顶。他奇迹般地发现了空气，在沉沉的黑暗中露出了头。第二天早晨，卡斯特雷特活着回来了，他把蜡烛和火柴包裹在防水的浴帽里，决心再次到冰冷、黑暗的水下去探险。卡斯特雷特解释说，对未知世界的激情和渴望驱使他不断前行。

潜入充满水的地下通道符合“极限运动”的标准定义：“失误或意外最有可能导致死亡的独自进行的运动。”与对极限运动的普遍认知相反，对洞穴潜水的描述，不建议潜水者为寻求冒险带来的刺激去黑暗的水下冒险。潜水教练埃德里奇·斯默克说，“潜水不是一项肾上腺素运动。它的含义要丰富得多。在一个洞穴中，在一次充满挑战的潜水过程中，一个很小的动作都会变得十分紧要，试着简单地在线上打个结都非常有趣。在那一刻你是完完全全的、活生生的。”

斯默克在这里引用了菲利普·芬奇的《让死者浮出水面》中的话，该书讲述了澳大利亚人达沃·肖的故事，他想从南非最深的淡水洞博斯曼斯加特洞中将十多年前在洞中溺水而死的潜水员德恩·德莱耶的尸体打捞上来。2005年1月8日，肖死在洞穴270米深处，那里正是德莱耶无头残尸所在的位置，当年他就是在那里被洞穴里紧绷的线缠住的。肖的潜水同伴唐纳德·雪利从洞里惊险逃生。他说：“我和德恩都从未把洞穴看成是险恶之地。洞穴是我们生活的地方，它也是生命起源的地方。”肖头盔上的照相机录下了他在水下挣扎的绝望的每一秒，他的死亡再次强化了我们的基本认识，那就是注满水的深洞并不适合人类的身体，而这恰恰又是吸引洞穴潜水者的一个地方。

对今天的洞穴学工作者而言，先进的潜水技术意味着搜集数据和物质样本的可能性大大增加了，那些曾经看起来永远不可能拿得到东西，也不再是难以企及的；然而，一旦地下环境充满水，那么对人类潜在的危险也大大增加了。2007 年，贝尔格莱德大学的一个讲师和他的三个学生都是塞尔维亚洞穴学协会的成员，在拉瓦尼查洞中潜水时窒息身亡。两名洞穴潜水队员维斯·斯克里斯和阿格尼丝·米卢夫卡在 2008 年参与了由《国家地理》杂志资助的科学探险，在巴哈马的蓝洞进行“科学探宝”活动，死于潜水事故。蓝洞探险队的潜水员要游过一个含有有毒气体硫化氢的地方，才能到达由许多被洪水淹没的内陆洞穴组成的、所谓的“活着的实验室”，搜集数据和物质样本，丰富的科研材料能让科学家了解所有的一切，从地质学和水体化学到生物学、古生物学、考古学，甚至是太空生物学，涵盖全宇宙的生命科学。2010 年，在采访中，米卢夫卡说，科学家们将一起在巴哈马开展工作，从水下洞穴里搜集他们所需要的样本，这很令人振奋：

> “你能发现数千年前灭绝的动物遗骸，地洞中的完美条件有利于化石保存。化石看上去像是昨天掉下来的，实际上它们已有 3 000 多年的历史。这简直不可思议。”

吉尔·海纳斯摄影，两个资深循环气潜水员靠近了在佛罗里达“魔鬼之耳”泉里的金妮温泉中的死神标记牌。这些标记牌是为了提醒那些未受过训练的潜水者，洞穴潜水有危险

她也坦率地谈到了洞穴潜水面临的危险：

“不幸的是，这里也有风险，所有的极限运动都是危险重重的。你尽可能不要让这次下潜成为唯一的一次下潜，而是能年复一年持续的下潜，当然这未必总能如愿。毕竟，一切都是为了活得长久。你必须安全下潜，但要把每一天都当成生命的最后一天来尽情地活着。”

谢客·埃克斯利被他的同伴们认为是最伟大的洞穴潜水者，他死于1994年，是世界洞穴潜水最深纪录的保持者。在自传《深不可测的洞穴》中，他总结了洞穴潜水的吸引力：

“从某方面来说，洞穴探险者感受到的兴奋战栗比海底探险者和宇航员更甚：今天，望远镜、空间探测器、声波探测器和遥感照相机都有了，它们能用于领先时代的研究工作，而洞穴探险者去的则是未知的领域。更有甚者，与到有空气的洞穴探险不同，洞穴潜水者根本不必担心那些疑窦丛生的叨念，有个手持火把的印第安人可能已经先于他到达了那里。因为探索水下洞穴的技术至今不过30年。”

英国洞穴潜水领军人物马丁·法尔介绍说，这项运动是极端的行为，洞穴潜水的历史是一部充满肾上腺素的传奇，是一场走到地球更深更远处的运动，它也可以成为一个头脑清醒的故事，讲述了人们如何通过经受良好的训练，完善保障安全的协议，通过科学技术的进步来努力降低风险。那些全心奉献、经验丰富的洞穴潜水员发现过他们同伴的尸体，或是自己与死神擦肩而过。用埃克斯利的话来说，除了死里逃生，就没有别的逃离方式。

洞穴潜水者向水下洞穴更远更深出进发的能力，总是要依靠新技术手段，也有赖于人类潜能的发掘。未来，探洞者到更深、更挤、更长的地下通道探险的愿望将更加依赖技术的革新（在封闭的循环呼吸器、减压技术、水下滑板车等方面），也不可避免地使用包括迷你机器人在内的其他非人类探险工具。对于那些仍在人类探洞者可掌控范围中的探险活动而言，借助不间断的技术发展，风险和回报也将同步增加，而探索人类未曾见过的地域的渴望则将占据优势。

5. 鬼怪与魔法：神话传说中的洞穴

与其他的单一地貌地形相比，洞穴在全世界的神话传说和民间故事中扮演的角色举足轻重。在古代神话、传说传统中，洞穴都是充满想象的奇幻世界。有意思的是，这些占主导地位的奇幻故事并非地质学和地质历史学无法触及的领地。在无数的神话故事中，洞穴是神秘黑暗的所在，住着神灵、巨人、龙和其他一些超自然的或是恶毒的精灵。洞穴是装满灵异故事的箱子，是出生地和埋葬地，是祖先的家园也是亡魂安息地；它们与繁衍和死亡息息相关，它们是连接地下世界的通道。在古希腊神话中，宙斯在洞穴中成长的；罗马的奠基人、双生子罗慕路斯和雷穆斯是在母狼洞中由一头母狼哺乳的；亚瑟王传奇记载，巫师梅林住在廷塔哲城堡地下的洞穴里，在那施法术；在澳洲毛利人的神话中，坦尼瓦住在包括洞穴在内的黑暗之地；在美洲土著和澳大利亚原住民故事中，洞穴与创世神话相关联，是神话中人物的家园。迈克尔·雷·泰勒简要概括道，“有关洞穴的形象和掌故，贯穿了世界各地的神话传说”。

通常，在世界古代神话故事中，洞穴是神灵、魔鬼和其他传说中的人物的居所。最有权威的希腊神宙斯（罗马神话中相应的是朱庇特）在位于克里特的伊达山斜坡下的洞穴中诞生的，他的母亲瑞亚为躲避他的父亲克洛诺斯藏在那里，克洛诺斯知道自己命中注定会被儿子推翻，所以他在自己每个孩子降生的时候，就把他们都吞噬掉。宙斯最终解救了他的兄弟，推翻了他的父亲，把他放逐到地狱。克里特岛上有两个洞穴因宙斯出生地而著名：伊达洞和塞克洛洞（或称为迪克它因洞）。两地都是米诺斯文明时期重要的朝圣地，已充分挖掘开发，发现了大量有考古价值的人工制品，现已在世界各地的博物馆展出，其中有克里特岛上的伊拉克里翁考古学博物馆，英国牛津的阿什莫林博物馆和法国的罗浮宫。关于克里特洞穴的另一个传说是，那里是助产女神厄勒梯亚（她和女神阿尔忒弥斯关系密切）的出生地。在罗马神话中，睡神索莫纳斯（希腊神话中的许普诺斯）住在一个黑暗的洞穴中，太阳光从未照进洞中，洞口挂着罂粟和其他有催眠作用的植物制成的帘子。旅者之神赫尔墨斯出生在基利尼山的洞穴中，而希腊神话中的风神埃俄罗斯把风藏在洞穴中，只有当众神有指令，才让风吹出来。还有神都住在山洞和岩洞中。

勒纳九头蛇住在洞中，巨蟒皮同也住在洞中。蛇发女妖美杜莎住在戈尔共的秘洞中，而古希腊诗人品达和埃斯库罗斯都提及魔龙提丰，它长着百个龙头，在奇力

克利西亚洞入口，希腊

乞亚生活。卡库斯是罗马神话中吐火的巨人，据说生活在意大利帕拉蒂尼山（古罗马遗址）的洞穴中。在维吉尔的史诗《埃涅阿斯纪》第8卷中，这样描写他在这座山里可怕的居所：

“……看一眼这悬崖，高高的岩石悬挂着。

尽管它们掉落下来是灭顶之灾，仍能看到巨石碎裂处是一座荒废的洞窟，

这里曾是绵延到远山脚下的洞穴，

阳光照不进来，非人的卡库斯可面容可怖，藏身其中，

地上的泥土受热腐烂，又常常在屠杀过后焕然一新。

悬挂的人头傲然钉在洞口，每一张脸腐烂成死灰色。”

臭名昭著的强盗、魔鬼瓦肯的儿子卡库斯去偷赫拉克利斯的战利品（一些牛），在两人激烈的交战中卡库斯被杀死。这段公元前1世纪的文章意味深长，强调了神话传说与地质学的相互关系。这里伟大的古罗马诗人特别提到了岩石毁损，分开了弱光区和黑暗区这样的地质现象。

卡库斯和美杜莎在英国启蒙哲学家托马斯·霍布斯的诗歌《恶魔之箭》中都曾被提到。诗歌是他在1626年

明信片：20 世纪中期，怀托莫洞的游客，新西兰

旅行后写下的（1636 年用拉丁语出版，1678 年译成英语《有品质的人》）。他描写普尔洞时，牵出了另一个强盗的传奇故事：

“我们知道普尔是个有名的盗贼，
据说和卡库斯齐名，恐怕和卡库斯一样古老。
隐匿在他黑暗的藏身处，
靠那些被他劫掠的人为生，
可怜的游人误入他的洞穴，
……
这个洞穴起初被戈耳工的蛇发占据；
想想看，所有的一切化为石头，别无他物。

你发现高高的洞顶垂悬着像火腿一样的东西，

那会硌牙，

它们都是石头。

……灯火说服我们向死而生，

逃离迷宫般的洞穴。

但首先左转，

瞧见了强盗普尔光秃秃的卧室，

都是普通的石头，被露水沾湿，

我们看见，里面的物品有床和尿壶。”

在叙述强盗普尔的故事时，霍布斯似乎含蓄地排斥了神话和民间传说不涉及洞穴地质学的做法，相反，对这个恶棍住的洞穴，他为读者提供了符合科学的描述，同时，他仍然注意到用人类的视角阐释洞穴的重要性。他对洞穴形成复杂的地质过程有着惊人的理解。

在西方神话传说中，那些著名的洞穴一定能在荷马史诗《奥德赛》中找到。追溯到公元前 8 世纪，它记录了特洛伊战争后，奥德修斯（尤利西斯）回到故乡伊萨卡的历险记。在这部早期西方重要的文学作品中提到很多洞穴，其中有独眼巨人波吕斐摩斯，丑陋的女海妖斯库拉和迷人的海之女神卡吕普索，他们的洞穴是最为出名的。

在奥德修斯返家之旅初期，他和同行的 12 人登上了一座岛，来到独眼巨人波吕斐摩斯的洞中寻找食物。荷马生动地描写了奥德修斯和他的随从在库克罗普斯洞里见到的情景：

> “我们探进了他的洞，睁大眼睛到处张望，
> 大架子上放着干酪，
> 一群小羊羔和孩子挤在一起，
> 分成了三组——春天降生的一组，
> 年中的一组，还在吃奶在另一边，
> 每一组分开关着。”

库克罗普斯回来后，发现了奥德修斯及随从在他的洞里，他用一块巨石堵住了洞口，立刻就吃掉了两个水手。六个水手最终都被巨人吞掉后，奥德修斯弄瞎了沉睡的巨人，把自己绑在羊肚子底下逃走了。

库克罗普斯洞穴既是一个舒适的居所，也是食人者施暴的场所。而六头海妖斯库拉的巢穴是一个雾气弥漫的洞穴，一个张着大嘴的可怕的洞。有人警告奥德修斯把船驶离这个死亡和黑暗之域。当船经过卡律布狄斯的漩涡和斯库拉中间的地带时，奥德修斯在两个大妖怪夹击下穿了过去，所付出的代价是斯库拉吞没了另外几名水手。洞穴再次被视为恐怖和死亡的代表。与此形成鲜明对照的是仙女卡吕普索宽敞的洞穴。那是令人愉悦的地方。在那里光彩照人的女神卡吕索普想把奥德修斯留在她的拱洞深处，渴望让他做自己的丈夫。这个洞穴既

宙斯洞细节

是一个阻碍奥德修斯返乡的囚室，他在那里被关了七年，直到宙斯命令将他释放，也是重生之地，他从那里继续他的旅程。

在神话传说中，洞穴也是智慧和知识的源头，正如克里斯·托兰·史密斯提醒我们的那样。好多古希腊的女预言家（女先知），包括库迈女先知和德尔菲女先知，在她们的洞穴中发布了预言。最有名的库迈女先知住在那不勒斯附近的洞穴中，她的预言写在橡树叶上，然后排列在洞穴口。在《埃涅阿斯纪》第 5 卷里，埃涅阿斯拜访了库迈先知，向她了解如何进到哈迪斯里面去，又能活着回来。玛丽·雪莱在她的第三部小说《最后一个人》(1826) 中，用库迈先知的预言来架构故事，让生活在 21 世纪末的莱昂内尔·弗尼以第一人称讲述这些预言故事。小说的叙述者详尽地介绍了她和她的同伴如何进入库拉先知阴森恐怖的洞穴里。他们穿过几条逼仄的通道，紧接着是一段上坡路，然后她们到了一个又穹顶宽大的洞里。在那里，她们发现了写满预言的宝藏，就是随后叙事者跟着走下去的那些预言。到 20 世纪中期，杰弗里·希尔的诗歌《库迈之后》(1958) 谈及库迈的预

下图左侧：德比郡峰洞部分景象，通常被称为“恶魔之箭”，右侧：称为普尔洞，为《英国旅游者大全》(1771) 作的雕刻画

Engraved for The Complete English Traveller
View of that part of the Peak of Derby, commonly called the Devil's A-se; and another part, called Pool's Hole.

言时，将“多嘴的洞穴”和“喑哑之洞”两种意象结合起来。

克利西亚洞穴位于希腊帕纳瑟斯山，也被称为潘恩洞，因仙女克利西亚和牧神潘恩被尊为圣地。古希腊历史学家、地理学家、哲学家斯特拉波在他的17卷本《地理学》的第9本中谈到这个洞，它位于德尔斐和帕纳瑟斯之间。约77—79年出版的古罗马博物学家老普林尼的《自然史》中，是这样描写这个巨大的洞穴中的钟乳石和石笋的：

“在克利西亚洞，水滴从岩石上流淌下来，变成了坚硬的石头。在马其顿的米耶塔也是如此，水从岩石穹顶上垂下来时，变成了僵硬的固态柱子。不过，在克利西亚洞，水是在掉下来以后，才渐渐变成坚硬的石头。”

一百年之后的希腊地理学家保萨尼斯在他的《希腊志》第10卷的旅行见闻中，描述了克利西亚洞里的情景：

“克利西亚洞比我提到过的那些洞穴都要大，即便没有照明也能够穿过其中较大的地方，洞顶离洞内地面足够远，水从泉眼中涌出，还有很多水从洞顶上掉下来，洞里到处都可见到清晰的水滴印记。”

奥德修斯在波吕斐摩斯洞，雅克布·乔登斯，1635年，油画

斯特拉波、普林尼和保萨尼斯有关这些洞穴的描写，其中地质学的成分比神话传说还要少。对这些作者而言，由于神话传说，他们对这些洞穴的兴趣已经超越了地质学。

对世界各地的神话传说中的一些人而言，洞穴是他们的家园。在德国和斯堪的纳维亚半岛的传说中，小矮人就住在洞穴的通道里，从波兰到威尔士，欧洲民间故事里的龙也是一样，尽管它们都长着翅膀。比如，波兰的瓦维尔龙，住在克拉夫科城外维斯瓦河堤的洞穴里，在马比诺吉昂（中世纪威尔士散文集）中，详细记述了两条龙被囚禁在斯诺登尼亚的埃默里斯砂石洞里。当代神魔文学里很常见的地精，常常住在洞穴或是地下，如

银子岩，中国

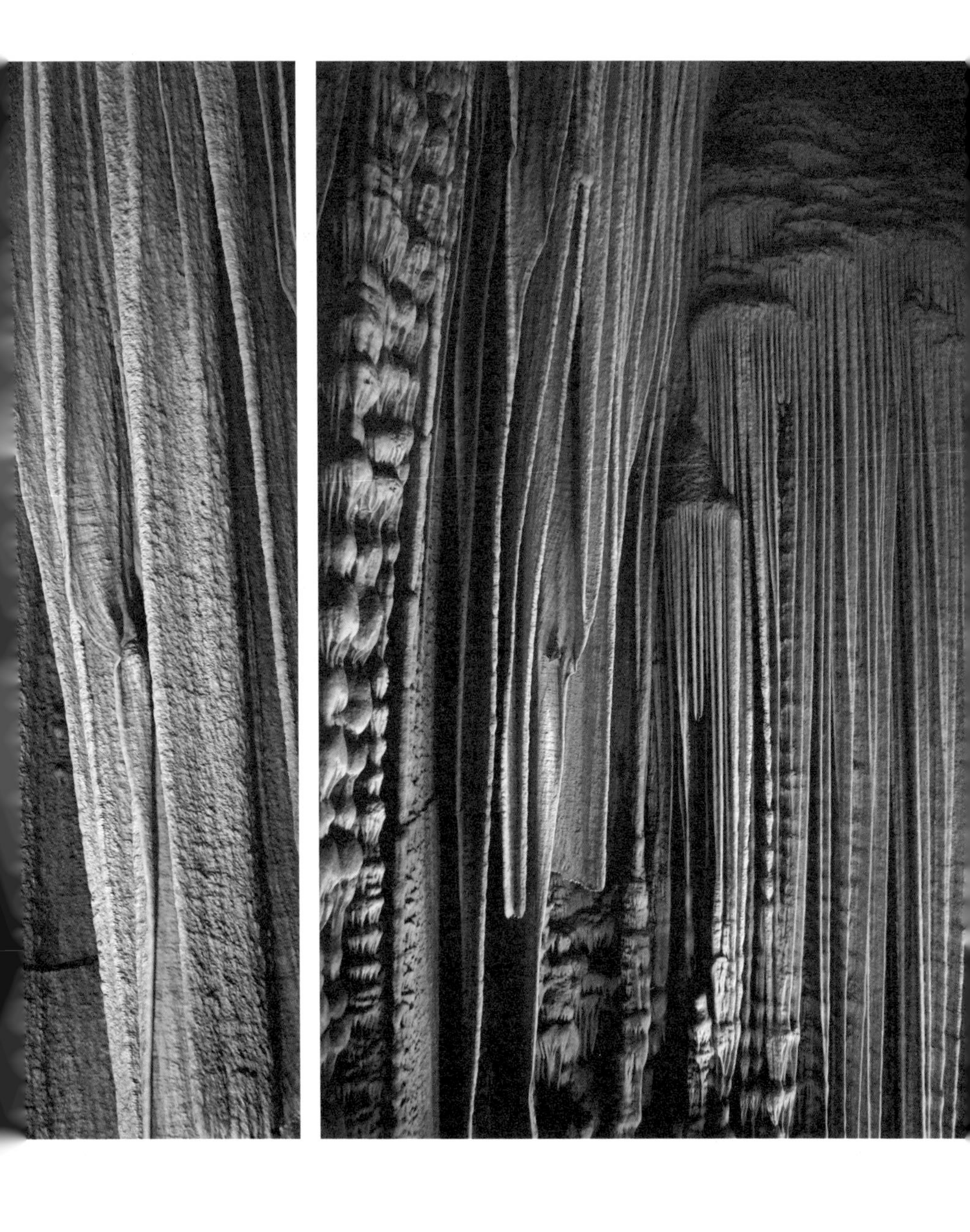

玛雅文明考古遗址，水晶坟墓洞（ATM），伯利兹

C.S. 刘易斯的《纳尼亚传奇》里，地精或者叫“土人”都住在地下洞穴，被称为“地下王国”。精灵（Goblin）也常常住在地下巢穴，如挪威和斯堪的纳维亚半岛传说中的巨魔（Trolls），而南非民间故事里的蛇形生物古洛斯兰格住在里希特韦德山的深洞里。

在凯尔特神话传说中，洞穴也具有重要的意义。它们是通往另一个世界的入口，如凯尔特人的死亡之地、精灵的领地、神魔和英雄的家园。在爱尔兰，康纳赫特洞或叫猫之洞，与康诺特梅芙女王和爱尔兰女战神莫利安相联系，如今可以从罗斯康芒郡的一条地下小通道进入。她们多出现在爱尔兰传说故事中，从阿尔斯特传说《布里丘的盛宴》到《诺拉在另一个世界的历险记》，勇士诺拉从猫之洞进入另一个世界。在爱尔兰基尔根尼附近有一个巨大的有三个洞室的敦莫尔洞，它的洞口很显眼，在民间传说中，被称为“巨兽的嘴巴”，这只巨兽头顶上和脚底下都长着一万颗牙齿。这里是爱尔兰最黑暗的地方，也是传奇人物卢奇提艮家，是鼠王被魔鬼猫杀死的地方。928 年，在这个洞里发生了维京屠杀。如今，参观者可以在洞中看到市集十字路口、一根巨大的滴水石柱、市政厅方解石基座和一群蝙蝠。马尔岛民间传说中的卡夫塔夫，是在海边洞穴穴居的恶灵苏格兰悉图查的变种，声音好似细浪哗哗作响。

神话和传说中的人物与地下洞穴有关联，带有真实历史人物特点的传奇人物也与洞穴相联系。所有匪徒传

奇中最有名的可能是罗宾汉了，据说，他好几次躲在洞穴中避险，如今，各种各样的洞穴都想借他出名，声称它们曾是罗宾汉的临时藏身处。最值得注意的是位于德比郡和诺丁汉郡边界的克瑞斯维尔崖洞。这个洞由四个主要的洞室组成，洞室之间由短通道相连，罗宾汉可能没有在这里躲避过，但这里肯定是另外一些人的家园。19 世纪和 20 世纪，考古学家在洞中勘察，挖掘出大量石器和动物骨骼，可以追溯至尼安德特人时代。根据亚瑟传奇，亚瑟王埋葬在阿瓦隆岛。然而，也有鲜为人知的传说称，亚瑟王和他的骑士们在一个神秘的岛上休憩，直到不列颠最需要他们的时候，他们才出来。也有几个地方与这个传说相关，但信誓旦旦声称自己是阿瑟王之洞的那个洞穴，位于瓦伊河畔，一个低矮悬崖脚下，由一个宽广的入口平台、互相连通的双入口和两个主要的洞室组成。

在美洲神话传说中，霍皮人有自己的创世故事，描述一系列从地下洞穴中出现的部落。纳瓦霍神话中也有类似的故事。米沃克当地人住在加利福尼亚卡拉韦拉斯县附近的哭泣洞（也叫山姆威尔洞），那有个关于“崖崖力”的传说，这个岩石巨人住在地下深处的垂直洞窟，以吃那些被他的哭泣声吸引到洞口的人为生。洞穴更是深深扎根在中美洲居民的神话传说中。考古学家尼古拉斯・J. 桑德斯注意到，阿兹特克有很多传说把洞穴视为通往地下世界的入口，那里是时间开始的地方，人类起源的地方，是肇始之地。同样的，在玛雅神话传说中，洞穴是地下世界的入口，在艾伦·金斯堡的诗歌《在冥界午睡》里，冥界（Xibalba）是一个拱形的滴水的岩石房子。古代玛雅人认为，洞穴是通往冥界的入口，有许多洞穴被考古学家探察过，其中有伯利兹的石墓洞，它是一个宗教场所，内有人类遗骨，洞穴底部有永久埋葬的陶器。围绕巴哈马的蓝洞，也有很多神话和传说。最有名的是关于半乌贼半鲨鱼的海怪卢沙卡，它住在洞里，吸吮吞噬落入水洞的受害者（在巴哈马蓝洞中，伴随潮汐而来的极端强水流震荡，可能是这个奇特传说的基础）。

在毛利人的神话传说中，洞穴是很多奇妙生物的家，包括巨型女鸟人库朗该土库、狗头怪克普瓦等。当然还有坦尼瓦。坦尼瓦是毛利神话中最著名的生物，它既是当地人的保护者也会捕食当地人。洞穴也是毛利人的禁地（圣地），身居高位的人埋葬的地方。

在波利尼西亚神话里，夏威夷瓦胡岛上的马库瓦洞，也叫凯恩纳洞，是以造物主凯恩来命名的，他是创造之神，传说这个洞穴是孕育人类的子宫。另一个故事是说，这个洞是鲨鱼人凯恩的家，他会把受害者拖到洞里吞掉。

伊恩·D. 克拉克（译者注：澳大利亚学术史学家和地名学家）解释说，在澳大利亚这种传说模式在继续：

> "在原住民的生活中，洞穴和落水洞是很鲜明的

明信片：新娘的首饰

形象，它们经常成为可怕的生物和恶灵的居所，与一些英雄故事有重要关联。还有一些对于人死之后，灵魂寻找安息地很重要。”

在澳大利亚维多利亚州的吉普斯兰古耐人的部落传说中，洞穴被认为是两个原住民黄金时代的生物（那根和尼欧）居住的地方。半人半石头形象的那根是个可怕的东西，他在树丛里捕食，常常把过路人拖进洞里杀掉。那根和另一个邪恶的穴居怪物尼欧都是帕特里夏·莱特森获奖的儿童小说《那根和星星》（1973）中的人物。约瑟芬·弗洛德在《黄金时代的岩石艺术》一书中，详细介绍了米尔宁信仰，“一条巨大的可怕的蛇叫杰达拉或甘巴，住在洞穴中，它的呼吸孔在纳拉伯平原上，任何走进它领地的人都会被它吃掉”。澳大利亚西部瓦丹迪人的故事中，吉尔吉洞穴曾是邪恶精灵沃尔金的家，它被正义精灵吉尔吉打败，驱逐出这个洞。有趣的是，传说在激烈的战斗中，地道入口坍塌，沃尔金穿过土层，从另一个出口被赶走，这也说明了该洞的地质历史。

从古希腊古罗马的神话传说到澳大利亚原住民黄金时代的故事，洞穴生物在全世界的神奇传说中都是形象鲜明的。在所有的传说中，洞穴都是神奇魔幻的非凡之地，是造物主也是魔鬼的家园，是通往另一个世界的通道。它们是黑暗的，是幽深的，是陌生的，也是家，但都不是见不到人的地方。

6. 视觉表达：岩洞艺术

洞穴艺术与地质学和人类进行着（永恒相对于暂时）二元对抗，像地质环境形成的过程一样，洞穴艺术永久流传。洞穴是历史最悠久的艺术馆，世界上已知的最古老的画是在洞壁和洞顶上发现的。其中最著名的是在西班牙桑坦德的阿尔塔米拉洞发现的壁画，被称为“洞穴艺术的西斯廷小堂”，以及在法国南部蒙蒂尼雅克附近的拉斯科洞窟壁画，两个洞中的壁画都可追溯到15 000年以前。令人难以置信的是，在法国南部阿尔代什省地区的肖维岩洞的壁画可追溯到30 000年前。

在阿尔塔米拉洞（该洞激发了美国爵士摇滚乐队史提利·丹的灵感，创作1976年专辑《皇家骗局》中的《阿尔塔米拉洞》歌）主洞室顶上，覆盖着壁画，画的主要是野牛、野猪、马、鹿和其他动物。拉斯科洞装饰着600多幅壁画和1 500幅雕刻画，主要也是动物，包括野牛、马、鹿和猫。经年累月，洞窟壁画参观者人数众多，人工照明引发藻类、细菌、结晶体生长，为了保护壁画使它们不再受到破坏，两个洞穴都不再对公众开放，而

阿尔塔米拉洞中的野牛壁画，西班牙

在旁边建造了洞拉斯科Ⅱ号和阿尔塔米拉Ⅱ号展出岩画副本，既让参观者看到了史前艺术作品，也能感受到洞穴原有的模样。1994年发现的肖维岩洞，从未向公众开放过，尽管洞中的壁画也令人叹为观止。肖维岩洞壁画中，共有13种动物，包括猛犸象、熊、狮子、马等，还有在维尔纳·赫尔佐格的3D电影《荷索的秘境梦游》中展示的大型地下洞穴的形成过程。史前艺术家最常用的颜色是红色和黑色，洞穴不仅为他们提供了天然画板，而且洞穴本身也成为艺术作品不可分割的一部分，将岩石天然的形态融在作品里，比如野牛的肩膀、狮子的骨盆。约翰·卡纳迪解释说，无论天然岩石的凸面还是凹面，如果哪里看上去像动物身体或是身体的某个部分，洞穴艺术家就会用它们作为起点，根据它的轮廓来创作

岩画。通过运用岩石天然形状这一方法来作画，岩洞艺术家将人类艺术形式和地质形成过程完美地融合在一起。

事实上，岩洞艺术并不只限于欧洲，除南极洲外，它是遍布各大洲的艺术样式。在非洲，从撒哈拉到南非，岩洞艺术都有所呈现，从埃及的洞穴游泳者形象到南非闪族人创造的人类和动物形象。在亚洲，印度、斯里兰卡、缅甸、泰国、马来西亚和印度尼西亚都发现过洞穴岩画。旅行指南《孤独星球》介绍说，在印度中央邦比莫贝卡特石窟的岩画是必看景点，岩画有 12 000 年的历史，描绘了穴居者的生活场景，还有许多包括野牛在内的动物。缅甸掸邦新石器时代的帕达林石窟洞壁上，表

比莫贝卡特石窟，印度中央邦

手洞，阿根廷圣克鲁斯省

现人类和动物主题的岩画，距今有 11 000 年的历史。在斯里兰卡，古代宫殿锡吉里耶留存下来的 5 世纪的壁画上，有精致的妇女肖像。在北美，岩洞艺术遗址遍布西部、西南部、中西部和东南部各州。美国西部的洞窟艺术典型的是玄武岩洞穴，比如华盛顿州猫头鹰洞，在 18 米大小的斜纹的玄武岩上画有房子的图画。（1991 年美国电视剧《双峰》第二季中，有三集在虚构幽灵木国家森林公园里出现了猫头鹰洞。）田纳西泥沟图符洞和阿巴拉契亚山脉南部其他一些图符洞里，都显示了洞穴黑暗区是史前祭祀活动的场所，美国东南部一些洞穴洞壁上仪式性的装饰已经有几千年的历史。在中美洲，墨西哥尤卡坦发现了玛雅人的洞穴画。在加勒比地区，古巴和多米尼加共和国也发现了一批数量相当的2 000多年前的洞穴壁画。在南美洲，巴西和阿根廷都发现了约9 000年前的史前洞穴壁画，主要位于洞穴入口处。阿根廷的手洞是因洞壁上可见许多模板手印而得名，洞壁上还有人类与动物的图案和几何图形，被认为是南美洲已知的最早的洞穴绘画。然而，新大陆的洞穴绘画并不接近欧洲和澳大利亚的样式。

洞穴艺术在澳大利亚全国各地都有所发现，从最北端的阿纳姆地到南部的塔斯马尼亚，从澳大利亚西部的金伯利到昆士兰北部的奇拉戈地区。主要的岩画遗址位于澳大利亚南部四个喀斯特地区：珀斯附近、纳拉伯平原、芒特甘比尔、巴肯。相对而言，从全世界范围来看，澳大利亚的洞穴比较少，只有小规模的洞穴艺术。库纳尔达洞位于澳大利亚南部，是较大的、陨石坑状的石灰岩溶洞，是纳拉伯平原的一部分。洞里有大量的“手指状凹槽”（用手指画出来的线条），洞顶、洞壁、完全黑暗的区域以及洞穴几百米的深处都有，约瑟芬·弗洛德将它列为澳大利亚最了不起的发现之一。澳大利亚最集中的洞窟艺术是在南部芒特甘比尔地区发现的，主要是非图像化的，从时间上看可以分为三个阶段：手指形线条、简单的几何图案和浅表的雕刻。手指形线条是早期最常见的样式，在芒特甘比尔地区主要的洞穴和其他地方都有发现。第二阶段是卡拉克，得名于在该洞首次见到的

马兰吉洞的雕刻，南澳大利亚芒特甘比尔

这个样式——雕刻较深，有风化的圆圈，只在芒特甘比尔的洞中发现过。这种艺术风格集中展示在帕隆洞中，在一条短通道洞壁上，岩石表面有很深的雕刻印记。最后一个阶段是原住民艺术风格，浅表的雕刻，在马兰吉

洞和孔金洞有所发现，特点是浅表的切口，通常是用一个顶端尖尖的工具划的线条。

另外一些著名的洞穴考古遗址位于澳大利亚西南部内陆塔斯马尼亚西南部的喀斯特地形。其中有些被持续占用了 20 000 年，而另一些看起来只是为狩猎者提供临时的庇护所，其中有两个洞穴引起了人们的特别关注。在麦克斯韦尔河谷的巴拉维恩洞中发现模板印记，洞穴黑暗区中可见 23 只手的基本轮廓，其中有一些十分清晰，鲜艳的赭红色映衬着淡灰的白云石洞壁，可追溯至 14 000 年前，赭红色印记在洞壁、洞顶、洞内地面上和 5 个突起上都有，证明了塔斯马尼亚原住民在冰河时代就用模板在岩石上印画的史实。塔斯马尼亚的朱迪斯洞是澳大利亚最长的河堤洞之一，位于河谷雨林深处，里面发现了 20 多个模板印画和大量赭红色涂鸦。模板画是在一个像城郊房子大小的洞室中发现的，被钟乳石帘掩盖着，用红色颜料印上去的，里面含有人类血液的成分。

虽然洞穴中诞生的艺术多为考古学家和科学家才能看（为了保护洞里脆弱的艺术品，如今越来越多的洞穴被关闭了，或不对外公开），但几百年来，这些描绘洞穴的艺术品引起了广泛关注，这也是人们迷恋地下空间的一个明证。

1772 年 8 月 13 日，科学家约瑟夫·班克斯（享有盛名），在索兰德博士和林德博士的陪同下，访问苏格兰群

洞穴的黄昏，约瑟夫·赖特，1774 年，油画

岛斯塔法岛，来到一个当地人称为芬戈尔洞的洞穴，这个洞长 113.1 米，高 35 米，宽 15.5 米，洞穴侧面是坚固的岩石，洞底积着 3.7 米深的水。班克斯的到访预示着无数行家里手将蜂拥而至，包括沃尔特·司各特爵士、约翰·济慈、约瑟夫·玛洛德·威廉·特纳、威廉·华兹华斯、儒勒·凡尔纳、费利克斯·门德尔松和维多利亚女王（在 1847 年，她的皇家游艇划进了洞里）。在 19 世纪，洞穴中玄武岩柱状节理遗迹激发了无数艺术家、诗人、音乐家的创作灵感，他们纷纷来斯塔法岛朝圣。

威廉·丹尼尔的《环游大不列颠》（1814—1825）中，

有好几幅描绘芬戈尔洞里及周边的画作。玄武岩大柱像密集的蜂巢般站立着，这是《芬戈尔洞外景，斯塔法岛》《芬戈尔洞入口，斯塔法岛》《在芬戈尔洞中，斯塔法岛》等作品中的主要元素。但对这些石柱的想象已经被高度程式化了，而不是现实洞穴地形学的体现，柱子粗糙的表面显得过于平整，凹凸不平的柱子也显得过于华美。

1830 年，特纳在暴风肆虐的季节到岛上旅行。他的斯塔法素描本上画着许多洞穴外景图，体现了即便在恶劣的天气条件下，他也能够进行洞穴探险。其中一幅画作《斯塔法岛芬戈尔洞》被用于 10 卷本的《司各特诗歌作品》(1833—1834) 封面的插图。此次旅行令他创作出自己最著名的作品《斯塔法岛，芬戈尔洞》，1823 年在皇家艺术学院展出。在这幅画中，我们可以看到透纳描绘洞穴外景、斯塔法岛悬崖以及大海和天空的广阔视角。洞穴本身看不太清楚，雨云占据画面突出的位置，观者的视线被一条蒸汽船烟囱里喷出的浓烟吸引。迈克尔·肖特兰令人信服地论证，即便他自己就在透纳这幅画描绘的现场，也没法模仿透纳创作出一幅这样的作品。

“包含所有这些重要元素的作品，表现出源于自然而又高于自然的风格。从一方面看，大海的确阻隔了人们从右侧进入洞穴；从另一方面看，石柱不是弯曲的，是齐整地垂立着的。最后，洞口朝南，

运用凹铜板腐蚀制版法制作的画，反映了**1813**年夏，威廉·丹尼尔的大不列颠环游，斯塔法岛芬戈尔洞（伦敦，**1814—1825**）

在洞穴中是看不到落日的。”

除了视觉艺术，斯塔法洞还激发跨领域艺术家的创作灵感，包括华兹华斯，在岛上游历的体验让他写出了几首自由体十四行诗；门德尔松的《芬戈尔洞序曲》作品26（1830—1832），1832年5月在伦敦皇家歌剧院首演，这也是他1829年到访该洞后得到的启发。

爱德华·约翰·波因特男爵的画作《暴风女神之洞》也是以海上洞穴为主题的（可能是受到《奥德赛》13卷中的女神洞穴的启发），于1903年在皇家艺术学院首次展出。波因特的画描绘了洞中的三个仙女，洞外面有一艘船遭遇了她们引来的风暴。三个仙女见到船上形态各不相同的财宝漂进洞里，惊喜异常。

纵观艺术发展史，从肖维岩洞中半女人半野牛的形象蜷缩在钟乳石上，到当代美国摄影师瑞安·麦克金利的作品，洞穴的形象与女性身体是联系在一起的。亨利·摩尔（译者注：英国雕塑家，以大型铸铜雕塑和大理石雕塑而闻名。他受到英国艺术圈的推崇，他的创作为英国在现代主义艺术中占据了一席之地）的《四个躺卧的人：洞穴》（1974）展示了四个抽象的女子不同的躺卧姿态，每个人都在一个独立的洞中，背景是绿色的。这些形象在表明她们处在像子宫一样洞室里，主要展现了安全的意象，不管墙壁里的情形如何，洞穴为她们提

斯塔法岛的芬戈尔洞，透纳，1832 年，油画

供了一个安全的庇护所。

西德尼·诺兰（译者注：澳大利亚画家）的《在洞穴里》（1957）来自他的第二个系列绘画作品《弗雷泽夫人》中，借用了原住民岩画艺术中X射线的形象来描述伊莉莎·弗雷泽，她于1836年在昆士兰海岸遭遇沉船事故，被当地原住民囚禁。在诺兰的画中，她的救星布雷斯韦尔身穿制服，出现她身后的洞穴深处。2005年，街头涂鸦艺术家班克斯（译者注：一位英国涂鸦艺术家、社会运动活跃分子、电影导演及画家）偷偷把假的岩画作品挂在大英博物馆，画中有个推着超市购物车在捕猎野羚羊的人（这幅画如今已经成为博物馆的永久藏品），他以此向史前洞穴画家致敬。在涂鸦壁画上，他表现了自己的作品和原始洞穴艺术传统之间直接的联系，虽然结果不同，但与诺兰的作品异曲同工。如同清洁工清除了墙壁上的那些画一样，有机会的话，他也会把洞穴艺术家的作品抹掉，因为一度早期洞穴岩画没有受到重视和保护。如今，大英博物馆搜罗了一位“高质量破坏者”的作品。

最后还有一些画是利用与洞穴有关的神话传说和隐喻创作艺术作品的例子。与此类似的，19世纪晚期，中国画家任颐立轴作品《洞中冥想》（译者注：任伯年的“达摩面壁”系列），表现了洞穴与宗教相互关联。几个世纪以来，人们在欧洲风景画的悠久传统中，一直寻找对洞穴更为现实的表现手法，于贝尔·罗贝尔的《洞口》

（1784）就是一个很好的例子，采用的是在洞穴中的视角，作品中的光线集中在洞口、人物多人的地方，想象洞中的空洞无物映衬在看似空旷无边的天空和海洋中。相比之下，法国现实主义画家居斯塔夫·库尔贝的《南苏斯圣昂附近的撒拉森洞》（1864）主要聚焦在洞穴本身——岩石的形状和颜色，没有人物形象分散观众的注意力，岩石看上去像是活的。库尔贝既让我们注视洞口，又阻碍我们的视线，不让我们进入洞中去看，而帕特里克·考尔菲尔德（译者注：英国画家和版画家）在《洞中景象》（1965）这幅作品中，让我们深入洞穴腹地。考尔菲尔德的作品（让人联想到漫画书的美学）把人进一

四个躺卧的人：洞穴，亨利·摩尔，**1974**年，平版印刷品

步吸引到广袤而死气沉沉的黑暗中，而不是逃离。库尔贝和考尔菲尔德的作品，都明显强调了地质学的作用，为当代洞穴艺术作品竖立了标杆。

地下世界的地貌也激起了很多探洞者的兴趣，他们拿起笔刷和铅笔在黏土和木头上创作。在这些洞穴艺术家中，著名的有罗宾·格雷和瑞安·西克，他们的作品更像是表现洞穴亚文化，而不是与广义的艺术文化产生共鸣。格雷作品的特点是对洞穴的形成和探洞者的装备都相当的关注。西克的作品，包括她的水彩画《桥》，一直紧紧抓住了地下世界的主体特点，即它的优美性和脆

在洞穴里，西德尼·诺兰，1957年，丙烯画

面具 XXXV，约翰·斯特泽克，2007 年，剪贴画

弱性，对此进行描绘。在美国，探洞对迈克尔·凯尔的木制艺术品也有影响，包括他的装饰性器皿。国际洞穴艺术协会（ISSA）成员的作品提醒我们，摄影技术产生之前，艺术家跟随探险者，将他们在地下的发现通过描摹绘制出来。然而，自从 1865 年，阿尔弗雷德·布拉泽斯在德比郡蓝约翰洞中成功地拍下了洞穴的照片起，摄影越来越成为记录洞穴的首选媒介。如今，随着数码摄

影技术和闪光艺术的发展，摄影可能成为应用最广泛的地下艺术样式。克里斯·豪斯从 1968 年以来一直从事洞穴摄影，先是用胶卷，现在用数码设备。他拍摄在英国最深洞穴的探洞者，聚焦了人类与地下世界的交互活动，既抓住了探洞者的行动，也关注了洞穴本身。首创水下洞穴摄影的摄影师维斯·斯克里斯和吉尔·海纳斯将水下摄影和影像技术提高到一个新层次，直到 21 世纪初，都很少有人能想得到的水准。他们的艺术作品为我们展现了水下的洞穴空间及脆弱的洞穴构造物。几千年来在岩石中形成的洞穴堆积物藏在地球最隐秘的地方，如今照相机的取景框可将它们尽收眼底。

伦敦利克街涂鸦，班克斯，2008 年 5 月

英国艺术家约翰·斯特泽克将描绘洞穴的明信片用

在他神秘玄妙的摄影剪贴画中。在这些让人不安的组合中，明信片成了二十世纪三四十年代的明星脸上的面具，好似给人类的潜意识开了一扇扇窗。在《面具XXXV》中，一张画着腾比附近利斯泰普洞的染色明信片，镶嵌在一张黑白明星照片上，像一道伤疤挡着脸，无法识别是谁。除了掩盖女演员的身份，洞穴的图像在这里也暗示了探险，很多洞穴艺术和文学作品中有类似的手法。

7. 洞穴深不可测：文学作品中的洞穴

文学中有关洞穴的印记丰富多彩。在荷马史诗《奥德赛》中，奥德修斯和他的12个随从被困在独眼巨人波吕斐斯的洞穴中；在斯宾塞的《仙后》（1590—1596）中，谷阳爵士到访马蒙洞，那里是财富的宝库，他经受住了黄金的诱惑；在柯勒律治伟大的诗篇《忽必烈汗》（1816）中，“那里有阿尔法圣河，流经深不可测的岩洞”，着迷的读者发现了“一个鬼斧神工的奇迹，由阳光灿烂的穹顶宫殿和寒气逼人的冰穴构成”。在莎士比亚的戏剧中，洞穴形象也很多见：《雅典的泰门》中，泰门就住在洞里；《辛白林》中，伊摩琴在威尔士一个洞穴中避祸；《暴风雨》中，普洛斯彼罗以岛上的洞穴为家。马克·吐温《汤姆·索亚历险记》（1876）里的英雄汤姆·索亚和他的女同学贝琪·撒切尔在滴水石洞里迷了路；迈克尔·翁达杰的《英国病人》（1992）中，身受重伤的凯瑟琳·克利夫顿死于游泳者洞，她的情人奥尔马西没能带着医疗援助赶回来。在玛丽·雪莱的《弗兰肯斯坦》（1818）里，备受折磨的魔鬼藏身冰洞远离人群；森林之子毛克利被狼族抚养长大，住在狼穴的故事在吉卜林的儿童故事《丛林奇谭》(1894)中有记载；帕特里克·聚斯金德的《香水》中，反派英雄让·巴蒂斯特·格雷诺耶在法国奥弗涅的洞穴中度过了七年时光。洞穴也是旅程的终点，在亨利·莱特·哈葛德的帝王探险小说《所罗门王的宝藏》(1885)和《三千年艳尸记》(1887)中都

由彼得·海插图、皮普·霍尔进行字母艺术创作，柯勒律治的诗歌《忽必烈汗》(2004)插画

是如此；马拉巴洞穴在福斯特的小说《印度之旅》(1924)中是神秘和混乱的中心；贫瘠荒芜的洞穴在吉姆·克雷斯的小说《隔离》(1997)中占据中心位置。

如我们所见，洞穴科学术语运用了很多来自地表的词汇，如人类的身体和建筑等，来描述地下洞穴的情景，而文学作品则反其道而行，通过对洞穴的想象理解人类在地面上的情况。所以，尽管在文学作品中，洞穴无处不在，但它们并不代表字面意义上的洞穴。或者换句话说，科学是在思考洞穴，而文学是和洞穴一起思考。在文学作品中，洞穴是隐藏和密闭的地方，它们可用来象征子宫和坟墓；它们是罪恶渊薮、财富源头；它们是通往地下世界之门，也是灵魂的镜鉴；它们是保存秘密的仓库，也是开启真相的钥匙；人们走进洞穴，又从洞穴离开，它们是寂静的也是喧嚣的；它们是已知的所在也是未知的地方；它们还是艺术创造力的灵感之源。

无论是字面上，还是隐喻意义上，几千年来文学作品中运用洞穴的各种各样的方式可以简要地概括为三首洞穴诗歌：克勒律治的《忽必烈汗》、威斯坦·休·奥登的《石灰岩颂》(1951)、罗伯特·佩恩·沃伦的《洞穴学》(1979)。

在英语文学中，克勒律治的《忽必烈汗》中，“对人们来说，洞穴深不可测”一句最广为人知。这首诗歌在各种文本中均被引用，从赫德的《进入石头中：关于洞穴和黑暗的体验》，到詹姆斯·卡梅隆的3D电影《夺命深渊》(2011)。在卡梅隆的电影中，坏脾气的资深洞穴潜水员弗兰克・马克圭尔在惊叹和绝望的时刻给自己和他儿子吟诵过这首诗；这首诗也是他临死之前送给他儿子的礼物，那曾是男孩已经不在世的母亲给他的礼物。对影片的观众而言，在片中那些幽闭恐惧的时刻，这首诗陪伴着大家，让人感到既熟悉又陌生，游离在外部世界和洞穴之间的弱光地带。对马克圭尔和他儿子而言，神秘未知的洞穴透着威严，也诠释了马克圭尔的人生。事实上,《忽必烈汗》似乎是洞穴探险主题制作者的必选，包括《夺命深渊》和布鲁斯・亨特的《魔窟》(2005)。克勒律治的诗歌也给戴维・波耶的蒂勒・盖尔威洞穴潜水系列惊悚小说提供了标题,《在太阳照不到的深海中》(1996) 故事发生在北佛罗里达的；谢克・埃克斯利的洞穴潜水回忆录《深不可测》(1994) 的标题和他的墓志铭也都用了这首诗歌。

克勒律治的诗一开始就描绘了忽必烈汗的大都，它坐落在圣阿尔法河附近，流经洞穴，汇入地下海：

> "在大都，忽必烈汗
> 建造了一座穹顶宫殿：
> 那里有阿尔法河，
> 流经深不可测的岩洞，
> 落入太阳照不到的大海。"

斯考弗·斯科菲尔德在接合洞，约克郡谷地

大都有人工建造的宫殿，四周高墙封闭，像伊甸园。它与无限“狂野”的天然洞穴之美形成了鲜明的对照，“对人而言，洞穴深不可测”，而且是“冰凌之洞”。正是从这样的地下的黑暗中，喷泉涌出，暗示真正的创造力来自地球的黑暗之处，也是指人的灵魂深处。

在这首富有创意的诗歌中，克勒律治定义了洞穴与人类是相互关联的。如果洞穴是个大小足够让人容身的洞，那么，这里指的洞穴就是不可估测的，暗示超越人类的无限性。在柯勒律治的诗中，洞穴是超越人类理解能力的，几乎不可能去谈论或描述。诗歌中有这样的含义，如果要去理解这些地下空间，我们要在精神层面上去理解，通过我们的感官，听那和谐的韵律，是来自喷泉和岩洞的碰撞。

威斯坦·休·奥登是20世纪伟大的诗人之一，从柯勒律治的《忽必烈汗》获得了灵感，多次编入他诗选的《石灰岩颂》中，有“涌动的喷泉，是神圣的喜悦”这样的诗句。奥登的诗歌一开始是这样几行：

“如果它形成了这样的地形，令变化无常的我们，

怀着亘古不变的乡愁，这主要是因为

它能溶解于水，在丰饶的山坡上，

在地上，有百里的芬芳将它装点；在地下，

深藏着秘密的洞穴和通道。”

从这一个小段中，就明显看到，奥登用喀斯特地质学的不连贯性来探索人类生活中的偶发事件。罗伯特·麦克法兰这样赞许奥登对石灰岩的热爱：

罗伯特·佩恩·沃伦《洞穴》(1959)英国第一版的封面设计

“奥登十分热爱奔宁山脉北部的喀斯特郡，喜爱石灰岩。最让他感动的是它们被逐渐侵蚀的过程。石灰岩的可溶性意味着岩石中最初的裂纹会在和缓的水蚀作用下一点点加深。由此看来，石灰岩经年

> 累月形成的过程是由最初的裂隙所决定的。对奥登来说，这个地质学品质也适用于人类：他发现了石灰岩的诚实——承认我们自己也是由我们的本质和缺陷所决定的。”

作为沉积岩，石灰岩既是历久而成型的又是不稳定的，水力的作用一方面塑造了它，另一方面又在侵蚀它。奥登在诗中用地质学现象隐喻“不朽”和“必死”，指向人类的优点和弱点。石灰岩和人类一样，仅在某一点上说是稳定的。奥登暗示，它们最终将由它们自己无法掌控的外力来塑造，被它们决定命运。

与克勒律治相比，奥登的诗歌中用到的地质学词汇增多了，柯勒律治的《忽必烈汗》写于 1797 年，《石灰岩颂》成诗于 1948 年，此间洞穴科学一直在不断发展。奥登的诗歌也一直将洞穴拟人化。柯勒律治在这方面就有所表现，而在奥登的诗句中，则遍布各种声音，轻声笑着、哭泣着、呜呜叫着、低声耳语着、喃喃自语着，它们是来自秘密的洞穴和石灰岩底下的地下溪流。

美国诗人罗伯特·佩恩·沃伦的自传体诗歌将“洞穴学”作为标题，体现了洞穴科学词汇的运用进一步提升了，诗歌很好地抓住了各种洞穴现象和探洞的惊悚体验。同样奥登比沃伦更进了一步，在诗歌中用拟人化的手法将洞穴与叙事者合二为一，他的身体感受到他的心跳就像黑暗和土地的脉动。柯勒律治和奥登的诗歌中出现过各种声音，在沃伦的诗中也有，似乎是为了体现加斯东·巴什拉的警句“所有的洞穴都会说话”。

而沃伦作品中的洞穴可能是一个真实的地方，他在肯塔基的喀斯特地区长大的，诗歌还尝试了洞穴既是子宫也是坟墓的象征手法。诗歌里的主人公在6岁时发现了“洞穴的嘴巴/在苔绿色的岩石下，里面也是黑洞洞的苔绿色”。接下来的每次探访，他“朝里面张望，往前面爬进去一点”，直到12岁，带着一个手电筒，他进到洞里面足够远的地方，发现“洞中黑暗四起，钟乳石垂落下来”，“看见一个孤独的生灵，苍白的洞穴蟋蟀/像个幽灵趴在我棕色的臂膀上”，感觉到“黑暗幽深，时间消失”。逃离时间的感觉在柯勒律治的诗歌中也有所呈现，但在这里更加生动鲜明，在描写洞穴的文学作品中一再出现。男孩的身体在洞中探险，也回应了在他自我精神上的顿悟，在绝对黑暗中体验了子宫或坟墓的感受。在沃伦的诗中，洞穴吞噬了年轻的探险者。

在文学作品中，将洞穴视为子宫或坟墓的例子有很多。比如，在莎士比亚的《亨利五世》中，将法国的洞穴与子宫一样的穹顶联系起来。托马斯·哈代在他的诗歌《未出生的洞穴》中，把洞穴比作模糊不清的子宫；在约翰·史坦贝克《愤怒的葡萄》(1939)中，汤姆·乔德藏身的洞穴是子宫的象征。

福斯特的《印度之旅》中，主要人物对神秘的马拉巴洞感受不一。阿德拉·奎斯泰德在洞穴中面对自我压抑，最终歇斯底里地爆发了，这导致她对印度医生阿齐兹医生的指控。洞穴空洞浑圆，看似一无所有，但这广阔无边的虚无却又无所不包。威尔弗雷德·斯通解释说：

> “洞穴是最初的子宫，我们所有人都从那里来，洞穴也是最终的坟墓，我们所有人都将回归那里；它们是万物存在之前的黑暗。有些人能顿悟那种虚无，而有些人不能。”

在笛福的《鲁滨孙漂流记》（1719）中，洞穴也是典型的地貌特征，它们成为鲁滨孙的避难和栖身的场所。事实上，当发现第二个洞穴可居住时，他的安全感大大增强了，觉得自己像个古代的巨人，住在岩石洞里，无人能近得了身。在小说前面的部分，克鲁索在自己帐篷后的洞穴里建造了主要的居所，他的“城堡”。这个秩序井然的空间，看起来像是必需品大全指南，也是一个自我发现的地方。当看见野蛮人开食人派对的时候，克鲁索在岛上的舒适生活掉进了纷乱的旋涡中。之后的一年，他生活在恐惧之中，他也无法继续改善岛上的生活条件，恐怕他的活动或是火堆里冒出的烟会引起食人族的注意。不过，他发现第二个洞，天然的空洞之处，借助蜡烛和引火盒，他去洞里探看。此后，生活又有了起色。这个洞后面有一条小隧道，爬进去，可以通向另一个像子宫一样的洞室，那是“一个令人很愉快的山洞”，和他的第

19 世纪 20 年代，笛福的《鲁滨孙漂流记》插图，克鲁索的洞穴

一个洞不同，这地方十分美丽，给他身处子宫羊水般的安全感，完全是大自然的杰作：

> “我敢说，在岛上从未见过如此壮美的景色，环顾洞顶和四周，洞壁从我的两根蜡烛上反射出十万种光线；岩石中有什么，是钻石还是其他珍奇的宝石或是我希望的金子，我不知道。”

这些段落的描写，可以说是首次在英文小说中出现，清楚地表明在18世纪早期，有关洞穴的词语尚未形成，笛福试图用一些同义词来描述洞穴。在不到两页的篇幅中，他用了以下词汇和短语：“洞穴”“空洞的地方”“岩石中的小洞”“地下室”“腔洞”“洞”。洞穴被克鲁索当成储存弹药和武器的地方、要塞、子宫，在那里他能获得安全感。

洞穴作为子宫的象征，这在福斯特和丹尼尔的作品中是埋藏在文本之中的，而到了米歇尔·图尼埃的《星期五》(1967)中，鲁滨孙故事的一个精彩重构中，洞穴的象征意义已经浮出水面。图尼埃的鲁滨孙比先前的鲁滨孙更进一步，他进入洞穴更深处，把那里当成储藏室。他发现了一个垂直的窄烟囱，几次想穿过去，都没有成功。最后他脱掉衣服，全身涂上牛奶，头先进去，这才成功。他进入地窖，他双手在漆黑中摸索，来到一个小洞或是通道中，他的“膝盖顶着下颌，小腿交叉，双手放在双脚上”，才刚好能挤在里面。这次身体在这个小洞里的探险回应了鲁滨孙的精神历险，洞穴空空如也，回应了漂流者离群居的状态。

迈克尔·翁达杰荣获布克奖的小说《英国病人》，后来被安东尼·明格拉改编成同名电影搬上银幕（1996），获得了学院奖，其中有一个用洞穴来代表坟墓的范例。在翁达杰的作品中，游泳者洞得名于洞穴洞壁上的史前壁画，描绘了人在游泳的场景。那是奥尔马西在撒哈拉沙漠吉尔夫·凯比尔地区最重要的发现，这也是小说中两个最重要的场景发生地。第一个是奥尔马西被迫将受伤的情人凯瑟琳·克里夫顿留在洞中，当他无法及时赶回来拯救她的时候，那里注定成为她的坟墓；第二个是在三年之后，奥尔马西回到洞中想带走凯瑟琳的尸体。在这个令人不安而又极其重要的洞穴场景中，翁达杰把子宫和坟墓的多重形象交织在一起，表现了在文学作品中，两者与洞穴常常紧密关联。

在翁达杰的小说中出现的有关洞穴的表层和深层的二元特性，在第一首重要的英语诗歌中也有所体现，那是8世纪盎格鲁撒克逊的史诗《贝奥武夫》，讲述了济兹人的英雄贝奥武夫人生中的两件大事：第一件事情是年轻的时候，贝奥武夫与邪恶的哥伦多交战，将他烧死，哥伦多的母亲为他儿子找贝奥武夫复仇；第二件事情是50年之后，他与巨龙搏斗。在诗中，哥伦多母亲的洞穴藏在一片黑暗沼泽地中央的湖底。阴暗的洞室和贝奥武夫护卫的丹麦国王荷罗斯加的希奥罗特大殿的光明世界形成鲜明对照。哥伦多母亲的洞穴是黑暗的、阴冷的、地狱般的地方，代表着邪恶，而贝奥武夫战胜了哥伦多的母亲，因为战斗发生在这个肮脏的洞穴里，因此，他的胜利是更加伟大的。

14世纪早期，意大利诗人但丁在他的杰作《神曲》第一部分《地狱篇》中，带领读者在撒旦控制的地层中经历了一次可怕的旅程。但丁诗歌包含着洞穴是地下世界入口的信条，而E.A.马特尔在他的作品中强调了这一点：

> “我在科斯高原的短途旅行中，经常见到地表上有黑沉沉的洞口以及垂直的井口，没人探看过它们有多深，也听不到里面的声响，农民自然认为它们是真正的地狱入口。”

在16世纪和17世纪的文学作品中，比如迈克尔·德雷顿在《写于峰区的颂歌》(1606)中，“那些阴冷可怕的洞穴，/看上去暗无天日”，这些地方是吉卜赛人聚集的场所；德比郡峰区的峰洞被惊人地命名为“恶魔之箭”，威廉·卡姆登（译者注：英格兰古物学家、历史学家）简要地运用两个比喻代表洞穴——建筑物和身体的孔洞——“张开一张大嘴，里面又很多弯弯绕绕的房间”；在本·琼森（译者注：英格兰文艺复兴剧作家、诗人、演员）的化装舞会剧本《变态的吉卜赛人》(1621)

里，洞穴是个每年吉卜赛人成群结队前来聚会的场所。巴舍拉（译者注：法国哲学家）解释说，洞穴是三个主要的避难地之一，在文学作品中是回到母亲身边的途径。在海明威的《丧钟为谁而鸣》（1940）中，洞穴再次成了

《对那些进入死亡大厅的人而言，恶魔来了》，沃尔特·佩吉特为哈葛德的《所罗门王的宝藏》（**1888** 版）绘制的插图

避险地，洞穴为一群忠义的游击队员（他们作为西班牙内战中反法西斯的力量，计划炸毁一座敌方桥梁）提供了藏身之所。

在 19 世纪的文学作品中，尤其是探险小说中，以洞穴为场景来描绘洞穴探险活动的情节也有所增加。在亨利·莱特·哈葛德颇有代表性的维多利亚风格的探险小说《所罗门王的宝藏》和《三千年艳尸记》中，洞穴都居于突出的位置。在《三千年艳尸记》中，艾伊莎的家位于休眠火山深层，山底下有一系列洞穴式样的墓室；在《所罗门王的宝藏》中，葡萄牙探险家何塞·西尔维斯特拉冰冻的尸体在洞穴中被发现，而标题中的宝藏就在哈葛德虚构的库坎纳兰德山深处挖出来的藏宝洞里。

从火山底下探险到产生地球是空心的想法（要么是空心的，要么地球有巨大的内部空间和系列空间），其间只有一步之遥。小约翰·克利夫斯·西姆斯（译者注：美国陆军军官、交易员、讲师，以空心地球理论闻名）和其他一些人也赞同这个想法，但长期以来并没有得到科学家的认同，而是成了描写地下世界的小说中一个重要元素，就像“空心”这个名字暗示的，它符合地下世界场景设置的特点。埃德加·爱伦·坡在他的小说《南塔克特的亚瑟·戈登·皮姆的故事》（1838）中，用到了地球空心论；爱德华·布威·利顿（译者注：英国作家和政治家）早期的科幻小说《即将来临的竞赛》（1871）讲的是发现一个地下世界，被一个非常古老的文明的后裔统治着。刘易斯·卡罗尔的《爱丽丝漫游奇境》（1865），故事设定在一个地下世界，是爱丽丝从一个兔子洞意外坠落进去后发现的，而在莱曼·弗兰克·鲍姆"绿野仙踪"系列（1900）之一《多萝西和巫师在奥兹国》（1908）中，标题的主人公们试图从地球中心找到回家的路。埃德加·赖斯·巴勒斯将他的七部奇幻冒险系列小说的场景都设置在空洞的地心，第一部是从《地心记》（1914）开始的，其中包括人猿泰山的故事。

然而，到目前为止，这类冒险小说中最著名的例子是儒勒·凡尔纳的经典作品《地心游记》（1864）。这部小说含有大量的科学信息，读者跟随德国教授李登布洛克、他的侄子阿克塞尔和他们的冰岛导游汉斯一路前行，通过火山底部的熔岩通道，在一个挺大的山洞样的地方发现了地下海，距离地表有 140 千米。他们通往地球空洞中心的旅程也象征着发现自我的旅程，或更广义地说，是发现人类生存状况的旅程。这也显示了笛福之后 150 年，作家们仍然要颇费脑筋找到合适的字眼来描述地下世界。在他们旅程的最远端，阿克赛尔观察地下洞穴时说：

"'大山洞'这个词显然不足以表达这个浩瀚的地方。人类创造的语言对在地心深处冒险的人而言是不够用的。"

19世纪以来，由凡尔纳和其他作家引发的对地下冒险的狂热，至今并未减退。最近出现的这类作品要加上克莱夫·卡斯勒（译者注：美国冒险小说家）第十二部以德克·皮特为主角的小说——《印加黄金》(1994)，它是一部关于未探知的地下河寻宝的经典故事。还有杰

导流溪，艾铎·里欧为儒勒·凡尔纳的《地心游记》(1864)绘制的插图

夫·隆恩的《血统》(1999年)，一部当代的地球空心论小说。

几十年来，洞穴也被证实是许多悬疑故事常见的发生地。位于德文郡托基镇的肯特洞有两百万年的历史，在阿加莎·克里斯蒂的推理小说《褐衣男子》(1924)中，被描绘成汉普利洞，在那里雷斯上校首次露面。在她的另一部推理小说《西塔佛秘案》(1931)中，皮克西洞是逃犯的藏身之地，这个洞也在赫尔克里·波洛系列的《阳光下的罪恶》(1941)中出现过。美国新墨西哥州的莱切吉拉尔(龙舌兰)洞是内瓦达·巴尔的安娜·皮金系列推理小说之一的《盲降》故事发生地，女主角公园护林员战胜了自身的幽闭恐惧症，查清了一起发生在地洞里的可疑的意外事故，事故致使她的朋友在探洞时身受重伤。在这些作品和其他一些类似的作品中，封闭的地下空间强化渲染了悬疑的紧张气氛。

在几部重要的儿童及青少年探险小说和推理故事中，洞穴的位置也很突出。迄今为止，在美国文学中最著名的有关洞穴的情节可以在马克·吐温的《汤姆·索亚历险记》中找到。小说中，汤姆和贝琪·撒切尔在麦克杜格尔洞的迷宫里迷了路，一个弯弯绕绕的巨大迷宫，互相交错，无路可走，后来，汤姆和他的朋友在那里发现了穆雷尔藏的金子。经历了三天严峻的考验，汤姆碰巧找到了一条离开洞穴的出路，他们才得以生还，其间遇上一系列惊心动魄的意外，和凡尔纳小说中阿尔克塞的

内瓦达·巴尔的《盲降》(**1998**) 第一版，篇末的洞穴示意图

经历相类似。马克·吐温警告他的读者（和探洞者），无人了解洞穴，那是不可能的事情。（马克·吐温的小说出版后，书里洞穴的原型麦克杜格尔洞成为密苏里州第一个观光洞窟，之后更名为马克·吐温洞。）

在伊妮德·布莱顿（译者注：英国20世纪40年代著名的儿童文学作家）的《七个神秘小人最终获胜》（1955）中，当它们的小棚在清洗和油漆时，神秘小人选了一个洞穴作为临时聚会的地方。布莱顿的冒险系列第三本《山谷冒险记》(1947）中，杰克、菲利普、黛娜和露西阿姨发现他们在冒险途中被困在一个无人居住的山谷。故事展开之后，孩子们探到了一系列洞穴，包括

理查德·丘吉尔的《洞穴》(1950)封面设计

回声洞、钟乳石洞和星星洞。类似的故事出现在富兰克林·W.迪克森原创的哈代男孩系列第七本《秘密洞穴》(1929)里，年轻的侦探们来到蜂巢洞，遭遇了一连串危险的情况，破解了迷案。儿童文学作品中，有丰富的洞穴元素，那里便于设置悬疑和探险情节，也能发挥想象，从规范的成人世界中撤离。

理查德·丘奇(译者注：英国作家、诗人、评论家)在小说《洞穴》(1950)中把年轻的读者领到了另一个方向。这部小说某种意义上是伊妮德·布莱顿著名的“五人探险组”系列和威廉·戈尔丁的《蝇王》(1954)的地下聚会，描写了男孩们在地下成长为男人。当男孩们在洞穴中迷路时，他们开始明白了约翰的父亲所说的，“洞穴探险是人类知识的基础”这句话具体的含义。

1 000多年以来，诗歌、小说和戏剧的作者们都用洞穴来探索人类的状况。地下世界经常被人格化，就如同在两个非常有特色的美国故事中一样。

在霍华德·菲力普斯·洛夫克拉夫特(译者注：美国恐怖、科幻与奇幻小说作家)《洞中兽》中，一个男人在猛犸洞旅行，当他离开向导后迷了路。火把灭了，他开始绝望了，放弃了在最黑暗的地方找到一条出路的希望，这时他听到有脚步声向他靠近。担心这脚步声可能来自一头走失的山狮或其他什么动物，他朝靠近的野兽扔了一块石头，把它打倒在地。向导赶来，找到了迷路的游客，他们一起看了倒在地上的东西，发现是个苍白畸形的人，也是在洞中迷路了。

在克莱恩（译者注：美国作家、小说家、诗人，写实主义风格）的精美手绘素描本《四个男人在洞中》（1892）表明在地下失去方向对谁都是公平的，小说讲述了四个猎人离奇的故事，他们开始在洞中探险，很快就对不熟悉的环境感到害怕：

> “从潮湿且凹凸不平的洞顶悬挂下来的东西，似乎随时会掉进他们的脖颈里。他们手底下阴湿的地面好像是活的，在扭动着。小个子男人试图站起来，却碰到洞顶不得不趴下来，因为洞顶伸出来的疙瘩和尖角戳着他。”

在这个故事中，拟人化的洞穴抵制着这些闯入者，推他们、戳他们、打他们，四个男人在恐惧中，争吵着，倒在地上，发现他们自己躺在一个灰暗洞室的地面上。这恐怖的时刻，他们与一个灰胡子的隐士以及自身的负能量面对面。

克莱恩故事里的隐士强调了洞穴的居住功能，这也是文学作品中常见的表现手法。鲁德亚德·吉卜林（译者注：英国作家、诗人）《原来如此的故事》（1902）中，女人为男人和她自己选了一个干燥的洞穴安家。他们有了家，还养了些动物，比如猫、狗和马。类似的故事在20世纪50年代中期马温·皮克（译者注：英国小说家、插画家）很出名的三幕剧《洞穴》中也有，该剧设置了洞穴三个不同的时期：新石器时代、中世纪和现代。在皮克的作品中，洞穴是展现数千年人类历史的微缩景观，人类的时间线和地质时间相比较，取得了很好的效果。

在文学作品中，有关洞穴的作品和与洞穴有关的作品很多，但并无迹象表明这些作家是真的在洞穴中完成他们作品的。沃（译者注：英国作家）挨洞穴比较近，在修改《故园风雨后》（1945）的一些资料时，他藏身洞穴中，时值第二次世界大战期间。

马丁·拜恩斯在淋浴，约克郡陶洞

古斯塔夫·多雷，1866年，版画

8. 象　征

洞穴在世界各地主要的宗教和精神信仰上扮演着重要角色。自古以来，洞穴就用作埋葬地，也是祭拜的场所。

几百年来，很多被用于宗教目的洞穴是些岩洞或内部不太深广的小洞穴；如同乔治·克罗瑟斯、P. 维尔利和帕蒂·乔·沃森（译者注：美国考古学家）提醒我们的，“没有古代人是真正生活在洞穴黑暗区的”，尽管他们确实利用洞穴“作为储物的地方，死者安息地或是与灵魂世界交流的地方”。从欧洲到亚洲，一些人选择居住在洞穴入口，在弱光区宣示权力，并不对洞穴本身感兴趣，而是出于其他目的。

跨越不同的时空，洞穴被全世界视为居所和避难地。传说，底比斯的保罗年轻的时候为了躲避迫害，逃到了底比斯的沙漠中，余生都以洞穴为家，靠附近的泉水和棕榈树的果实为生。同样，安东尼住在红海岸边的山中，以一个天然的小洞穴为家。在苏格兰，一个滨海小洞穴（由潮汐作用形成的海洞）曾经是尼尼安的居所。

赫伯特·麦克斯韦爵士作品，尼尼安洞开掘之后，苏格兰威格顿，格拉瑟顿，1885年，铅笔画印刷品

洞穴一直吸引着寻求离群索居的人们。1976 年，出生在英国的丹津·葩默来到印度喜马拉雅山区海拔 4 000 米的拉胡尔，一个偏远的“雪洞”。她独自在那里修行了 12 年，自己种植粮食、冥想、不与任何人说话，寻求女性的悟性。对丹津·葩默和她的前辈来说，洞穴是顿悟的温室。

然而，洞穴不仅是隐士的居所和避难地，还被认为是举行各种仪式的场所。有的庙宇被建在洞穴的入口和弱光区；有些隔绝的洞穴被改建成大规模的观光地。

阿玛尔纳特石窟位于印度喜马拉雅山区，海拔 3 888 米，至少从 3 世纪起，成为圣地。这个天然的喀斯特岩洞被尊为圣地是因为里面有巨大的冰石笋，其中最大的一块被视为湿婆的象征，另外两块小一点的冰柱代表他的妻子雪山女神和儿子象头神。

在亚洲，很多非凡的建筑大致上与“洞穴庙宇”有联系，但根本不是建在真正的洞穴上，它们是岩石凿成的庙宇，或多或少从垂直的悬崖和其他岩石构成体上由人力加工而成的，有时候是天然洞穴的延伸或与天然洞穴一起合成的。

在欧洲，洞穴教堂经常是由天然洞穴发展而成。位于索塞布城堡山下的洞穴是斯洛文尼唯一建在地表之下的教堂。如今，这里有稳定的客流量。这里由当地探洞俱乐部管理，2007 年在洞中安装了可移动的 LED 照明系统，之前洞中依靠电石灯和电子火炬照明。尽管洞不大，条件也没有大的改善，但该洞穴举行活动的历史至

萨丹洞入口处的卧佛，缅甸

约翰·斯皮斯在邦玛帕县的坦洛特古洞探险，泰国

少可追溯到400年前，17世纪博物学家约翰·维克哈德·冯·瓦尔瓦索对此作过详细的描述。

几百年来，这些庄严宏伟的洞窟引起了广泛公众关注。如今，它们之中有很大一部分不仅是宗教场所，而且成为观光洞窟，神圣已经被世俗融合替代了。

石花洞，中国北京房山区

9. 非同凡响：瑰丽之洞

洞穴探险者来到地下的黑暗世界，为的是寻求优美、冒险、神秘、志同道合。然而，旅行者成群结队来到世界各地的观光洞窟，达百万之众，为追求美景，可能也想尝试一下冒险和神秘，接触一下科学。法国著名洞穴探险家诺贝尔·卡斯特雷特信心十足地表示，“对一个有献身精神、热忱的洞穴学家来说，没有一个洞穴是无趣的”，而为了引起游客的兴趣，洞穴必须是非凡奇特的，首要的一点，它必须是美的事物。

观光洞窟如同它们的名称所指，是向公众开放的天然洞穴，需要付费参观。它们拥有维护良好的通道，有现代灯光系统提供照明，对洞窟的特点会着重强调，通常会提供导游服务，来介绍有关洞穴的历史和地质特点等信息。显而易见，它们是人类和洞穴互动的结果（尽管探险式旅行中这类服务会比较少）。鉴于保护地球意识的不断加强，我们日益放轻脚步，洞窟管理者把重心越来越多地放在如何保护洞穴上，而不再侧重在每年多达 2 亿人次观光客的体验上。人们为观光而不是为避难或举行仪式或探险而来到洞穴，这是从何时开始的。又是为何会这样的。

洞窟旅行可以追溯到16世纪初，人们开始经常前往斯洛文尼亚壮丽的波斯托伊纳洞参观（尽管洞内的涂鸦表明，早在1213年就偶有访客来到洞中）。第一个观光洞窟（收门票）是维尔洛尼卡溶洞，也在斯洛文尼亚，早在1633年，佩塔克伯爵被收取了入门费。第一个正式的洞窟导游是汉斯·尤尔根·贝克尔，从1668年起，他在德国鲍曼洞担当导游，而接受过正规训练的洞窟导游约在1810年出现，是由波兰的奥伊楚夫洞雇佣的。约翰·哈顿的《约克郡西部英格尔伯勒及塞特尔周边地区洞穴导览》于1780年出版，是最早的洞窟旅行指南之一。浪漫主义时期（约1780—1848），为旅行者提供的导游手册对中欧的很多洞窟有所介绍。1801年，卡尔·兰出版了第一本介绍观光洞窟的旅行指南，对德国、比利时、英国、葡萄牙和希腊著名的洞穴进行了详细的介绍。

19世纪早期，世界上一些大型的观光洞窟，包括波斯洛文尼亚的波斯托伊那洞、英国的伍基洞、美国的猛犸洞都对公众开放。前来参观商业性观光洞窟的人络绎不绝，势不可挡，今天我们熟悉的情景，从那时就开始了。

波斯托伊那洞于1819年对公众开放，在约翰·维克哈德·冯·瓦尔瓦索1689年出版的《卡尼奥拉公国颂》中对此做过描述。此前一年，洞窟导游卢卡发现了该洞

明信片：回声河，位于肯塔基猛犸洞地下110米

延伸出来的新部分。1823年，吉罗拉莫·阿格皮托出版了第一本有关该洞系的旅行指南。1872年，在导游的推动之下，第一辆通往洞窟的火车轨道铺好了，并开始载客。此举是非常有意义的。1884年，洞中安装了电灯照明，这比首都卢布尔亚那市都要早，洞窟受欢迎的程度可见一斑。

萨默塞特郡切达洞据称是英格兰最早的观光洞窟，与19世纪中期运营的两个洞竞争“第一”：1837年起向公众开放的考克斯洞和1869年运营的观光洞窟老高夫洞（也被称为大钟乳石洞）。新高夫洞，就是现在的高夫洞，是1892—1898年间发现的，从1899年起对游客开放，之后老高夫洞关闭，具体时间不太清楚。1869年，游客付1先令可以参观大钟乳石洞。此后，在1877年和

1888 年，该洞又发现了新的洞室。洞窟经常用于娱乐活动，据当地媒体报道，1877 年在洞中举行过手铃音乐会，1881 年有灯笼展会。1883 年，洞里安装了煤气灯，洞穴里的步道进行了修缮；1885 年左右，洞穴里开了一个茶室；1890 年，洞穴里建了一个小型的博物馆。高夫写的一首打油诗出现在介绍老高大洞的广告传单（约 1885 年）上，详细介绍了那时候的收费情况：

“这里有伟大壮丽的景象，
亲爱的游客们只需付 1 先令。
如果你自行参观，
那高夫就收你 18 便士。
这里有罕见的美景，
令人目眩神迷。
大家都来吧，
花点钱，找个乐：
你会获得无边的乐趣，
我说得够多了，就此打住。”

1904 年，E.A. 马特尔在英国旅行时去新高夫洞、考克斯洞和伍基洞参观过。高夫洞的游客登记簿上留下了著名的洞穴学家兼游客在 6 月 15 日的签名和留言：

“E.A. 马特尔偕夫人（巴黎）

高夫洞令人很愉快，它精致美丽又有科学价值，的确十分有趣。”

肯塔基州的猛犸洞于1816年向付费的游客开放，到19世纪中期，接待了来自全世界各地的游客，他们都愿意前往洞中，真正领略到洞窟之美。广告称它是“美国最伟大的自然奇迹”，洞窟酒店（由洞穴的所有人经营）是一个理想的夏日度假胜地，可接待500名游客，由所有人指派的人为游客提供导游服务。在1860年出版的《肯塔基州猛犸洞导游指南》中，查尔斯·W.莱特详细描述了游客可以进入的地下通道，包括通往主洞的需12小时才能完成的“长线路”。颇不寻常的是，他还提供合理着装的建议，告诉我们在150年前穿越地下通道的洞窟观光者是什么模样的：

“对绅士而言，合适的服装包括夹克、厚靴子和布帽子。

对女士而言，灯笼裤和土耳其长裙是合适的装束，可以是素淡的，也可以是花哨的，取决于穿的人。建议用活泼的浅颜色装饰，比较漂亮，尤其适合一大群团体游客。绒布等布类是合适的材料。必须记住：洞里的温度是59华氏度（注：15摄氏度）。

每位女士要提一盏灯，若非疾病等原因，女士不能挽着男士的胳膊。这对双方而言都很累，看上

威尔士国家观光洞窟中心纪念徽章

去也非常尴尬。”

不清楚澳大利亚的洞窟游客在地下活动时是否也如此，但到 19 世纪 60 年代，洞窟观光日益流行。自 1830 年被发现后，尽管塔斯马尼亚的查德利洞（安东尼·特洛勒普在 1872 年参观后，称它们是塔斯马尼亚的奇迹之一）的导游尚不太专业，但新南威尔士州的珍罗兰钟乳石洞无疑是澳大利亚观光洞窟产业诞生的标志。珍罗兰洞的商业运营可追溯到 1861 年，当地的领导约翰·卢卡斯（他致力保护脆弱的洞穴环境，之后卢卡斯洞以他的名字来命名）前来参观。1866 年，珍罗兰洞保护区建立，第二年杰雷米亚·威尔逊被任命为第一位负责人。由于被发现的洞穴越来越多，游客数量也不断增长，景点内外的商业活动都不断发展。19 世纪 80 年代，为游客提

中国桂林
芦笛岩
大自然艺术之宫
凭此卡在冠岩景区
SevenStar Scenic Area
世界旅游组织推荐 首批国家AAAA级旅游景区
The Big Dipper in the Sky, The Earthly Paradise
Welcome To
The National Showcaves C
for Wales
OWEN
SUNDAY 26 JUNE 2011
REG
13:36
TICKET NO: 87
1 ADULT
Croeso i Canolfan C
Arddangos Cenedlaet
£10
Voucher
Dan-yr-Ogof Cave
Iron Age Farm
Cathedral Cave
Dinosaur Park
Bone Cave
Museum
Shire Horse Centre
Mr Morgan's Farmyard
Barney Owl's Playgroun
Millennium Stone Circl
THIS TICKET MUST BE PRESENTED FOR ADMISSION TO THE FOLLOWING ATTRACTIONS
Font of the G
○国家AAAA级旅游景区
○国家重点风景名胜区
○荣获两项基尼斯世界纪录
桂林华之冠旅游开发有限公司
http://www.liriver.org
中国
HIHUA CA
发票代码 211000906
发票号码 00128108
世界地质公园
国家级风景名
国家 AAAA
观光洞窟门票

POSTOJNSKA JAMA
CAVE-GROTTA-HOHLE
Postojna Cave
17. 09. 2014 ob 12:00
ODRASLI / ADULTS I
zgoraj
A
12:00
this side up
Buchan
Caves
中国美丽的山水，从漓江·银子岩开始
Li River and The Silver Cave, your first impression
he beautiful landscapes in China.
Jenolan Pass
Please keep this pass in a safe place for future use
the wonder of the underworld
With this pass, you have received a cave tour of your choice, on a seperate ticket
Until 11/07/2012, use this pass to:
Get a great 50% discount*
MARBLE A
CAVE
Global Geopa
Mammoth Cave NP
GRAND AVENUE
ADULT $24.00
MONDAY MARCH 26 2012
10:00 AM
Order 4-1311189
Ticket 0000008243340
Ralph Crane
Subject to the conditions on the back thereof
National Park Service
GRAND AVENUE
ADULT $24.00
Monday
March 26 2012
10:00 AM
Order 4-1311189
Ticket 0000008243340
Ralph Crane
ADMIT ONE
Void if Detached
Mammoth Cave NP
GRAND AVENUE
ADULT $24.00
Monday
March 26 2012
10:00 AM
Order 4-1311189
Tkt 0000008243340
Ralph Crane
ADMIT ONE
Void if Detached
北京石花洞
AVE,BEIJING,CHINA
轻轨滑道
专用发
滑道双
票价：60

供住宿的地方建造起来，洞中的通道也开始修筑，防护绳也开始使用，以防止进一步破坏钟乳石等洞穴堆积物。1887 年，洞中安装了常开的电灯。到 19 世纪末，珍罗兰洞装备完善，成为澳大利亚主要的旅游目的地之一。

20 世纪最初几十年，世界各地的观光洞窟相继开业，尽管这个产业取得了巨大成功，但自身并非没有问题。正如爱勒里·哈密尔顿·史密斯（译者注：澳大利亚跨学科学者）指出的，“洞窟观光的体验千篇一律，游客分成不同的组，一个负责讲解的导游带着他们沿着固定的线路，穿过灯火通明的走道”。尽管走道升级改造了，照明条件也改善了，洞穴信息的介绍也有提高，除一些值得注意的特殊情况，直到 20 世纪末，洞窟旅游的体验变化甚微。

1989 年，英国观光洞窟协会（BAS）成立，这是英国观光洞窟运营者的伞状组织；2001 年，它有所扩展，增加了爱尔兰主要的观光洞窟，更名为英国和爱尔兰观光洞窟协会（ABIS）。现有成员有英格兰的切达洞、英格尔伯勒洞、肯特洞、峰洞、普尔洞、十字柱洞、特雷崖洞、伍基洞；北爱尔兰的大理石拱洞，威尔士的丹也奥格夫（威尔士国家观光洞窟中心）；爱尔兰的艾利维洞、克莱格洞、都林洞、丹漠洞和米切尔斯顿洞。协会及成员承诺在让游客领略这些洞穴本身的奇景、享受视觉盛宴的同时，也为他们更好理解这些地下景观在地质学、考古学以及文化历史方面的信息提供便利。同时，确保

“维多利亚女王的灯笼裤”，约克郡英格尔伯勒洞

洞穴环境得到妥善管理和保护。铺设完好的洞穴通道、周全的照明系统、提供兼有科学性和文化性解说的导游服务（或音频导览），这些对许多洞窟来说是很平常的。如今，服务游客的改进设施经常包括茶室、售卖各种纪

明信片：白疤洞，约克郡英格尔顿

念品的商店，从旅游指南、明信片到水杯、徽章。这些观光洞窟都有印刷精美的高光亮度的纪念册，为游客提供有关洞穴科学的简明介绍，从单个洞穴的形成过程到地质历史，还有洞穴探险的过程及历史文化。

如今，参观各种洞窟无论如何都不再是千人一面的了。比如，英格尔伯勒洞，一直以来都秉持传统观光洞穴的运营特点。一个小时来回的旅游路线主要依靠洞窟的天然景观，包括一对奇特的钟乳石，被称为“维多利亚女王的灯笼裤”，以此来满足游客需求。（导游借用维多利亚女王给钟乳石起绰号，而不再用詹姆斯·法勒的爵位。）拥有不列颠群岛最大天然洞穴入口的峰洞，英国最长的观光洞穴白疤洞也都是依靠传统游览线路、有趣的导游服务，为游客提供丰富的信息。除游览洞穴外，峰洞还在洞口展示制作绳索的技艺，增加功能性餐饮服务（比如中世纪宴会），以洞穴为舞台举办音乐活动，包括每年圣诞节在洞口天然的圆形露天竞技场举办圣诞颂歌音乐会。北爱尔兰的大理石拱洞游尽管大体上还是传统游览方式，不过增加了让游客乘上电动游船沿着洞穴的地下河来一次短途游览的项目，在游客中心还提供视听解说。更加意味深长的是，这个观光洞窟还是联合国教科文组织认证的大理石拱洞全球地质公园的核心部分。这是个很好的谈资，也具有科学价值。肯特洞是全国保护遗址，也是联合国英格兰利维埃拉全球地质公园游客中心的入口，丰富的地质学、考古学遗产值得优先考虑，目前还为游客提供一系列特殊体验，从一条石器时代的林地小径，到常规的“地下世界的莎士比亚”表演。威尔士国家观光洞窟中心丹也奥格夫洞，和英国及爱尔兰

阿旺阿尔芒洞，法国

多幸卡冰洞，斯洛文尼亚

其他观光洞窟一样，远不限于传统的游览模式。三个向游客开放的自助游（包括为满足科学好奇心的信息）洞窟必须在游客中心购买门票，还有一个包括十个项目的主题公园，从铁器时代的村落到有真实尺寸模型的恐龙乐园、夏尔马中心，该洞还组织婚礼仪式，为那些希望在亲朋好友及游客见证下在地下结婚的人们提供服务。恐龙也是伍基洞主题公园的一个吸引人眼球的元素，游览洞穴仅是公园提供的几项活动之一。想要参观高夫洞和考克斯洞的游客必须购买切达峡谷及洞穴探险门票，其中还包含水晶任务奇幻冒险、切达人博物馆和瞭望塔，还有崖顶峡谷漫步和敞篷巴士游。在这三个地方和其他一些类似的地方，观光洞窟不再局限于它们本身的吸引力，而是全家出游活动的一部分。在英国，真正专注观光洞窟的游客似乎更多地要去北方的德比郡和约克郡，

猛犸洞双联画，肯塔基州猛犸洞

TO NICK THE GUIDE
Aug 17th

W.A. Bransford
1899

大游览线路，肯塔基州猛犸洞

去寻求不掺假的地下体验。

过去的一百年间，欧洲其他地方的观光洞窟也有很多重要的、不同寻常的技术发展。奥地利的冰洞是世界上最大的天然石灰岩冰洞，20 世纪 20 年代建成观光洞窟，1955 年安装了缆车，改善了进洞参观的条件。洞里没有电灯，游客持电石灯，由华丽的镁带照明。20 世纪 20 年代，法国阿旺阿尔芒溶洞也有所发展，从 1963 年起，游客可通过索道下到洞中。19 世纪晚期发现的斯洛伐克文石洞是欧洲唯一的水晶观光洞窟。它于 1972 年对公共开放，1995 年被联合国教科文组织列入世界文化遗产名录。波斯托伊那洞窟是重要的洞穴生物学中心，也是 20—21 世纪欧洲参观人数最多的洞穴之一。如今，向公众开放的有 5 条总长超过 20 千米的交织在一起的通道，通往各洞室。最值得注意的是，洞内有运送游客的轨道系统，1963 年引进的电池驱动的双轨铁路，历经多次现代化改造。如今，游客可以乘着火车快速到达地层深处，然而跟着导游步行游览，终点是巨大的音乐厅，有特别活动时，可容纳数千名观众，那里还开着一家纪念品商店。

蓝洞是个海洞，位于意大利卡普里岛海滨，通常游客是来洞中观赏壮丽的地质景观，从地下入口涌进洞中的海浪泛着亮丽的深蓝色光芒。无论是从陆地上来还是从海上来，所有的游客都必须乘小木船摆渡通过一个小的入口，才能进到后面的洞里。

猛犸洞雪球餐厅，肯塔基州

迄今已知的最长的洞穴、美国肯塔基州的猛犸洞，既要寻求一个观光洞窟的发展又要保护洞穴科学价值的需要，保持两者之间的平衡，是贯穿整个20世纪直至进入21世纪后的发展课题。猛犸洞国家公园于1941年（国家洞穴协会也在同一年成立）建立，40年后因其重要的地质学、考古学和生物学意义，被定为世界遗产。1990年，它被命名为世界生物圈保护区，公园对遗址保护、研究以及环保型合理经济增长都加大了支持力度。目前，公园的主要景点猛犸洞有15千米长的地下步道向公众开放，每天提供16次游览。其中包括短途的自助游，即猛犸洞发现之旅和全长4个半小时的大游览线路。还有一些特殊的游览方式，包括紫罗兰古城灯展游。在这个最热门的观光洞窟，团队人数从有 30 人参加的特展“聚焦尼亚加拉冰瀑摄影游”到 120 人的经典历史游，为控制每天进洞的客流量提供参考，如果不加以有效管理，会对洞窟造成潜在的危害。若游客们在游览过程中激发对科学的兴趣，可以搜集免费的手册，有关于猛犸洞考古学、洞穴生物学、喀斯特地质及其他历史文化等各种主题。

卡奇纳洞由加里·特纳和兰迪·塔夫茨发现，过了 25 年，到 1999 年，洞穴对公众开放，其发展过程遵循着“在商业化过程中保护”的理念，制定了高科技、科学化的观光洞窟管理新标准。有关这些洞穴的发现和保护的完整的故事，在尼尔·米勒（译者注：美国新闻记者和非小说类作家）的《卡奇纳洞窟：洞穴是如何被发现并成为世界自然奇迹之一》（2008）中有详细的介绍。1974 年，最先发现洞穴后，特纳和塔夫茨对它们的具体位置守口如瓶，长达 14 年之久。后来，他们决定把洞穴发展成观光洞窟，认为

WELCOME TO

NEWDEGATE CAVE

HASTINGS CAVES STATE RESERVE

Visitors to the cave are required to observe the following ethics:

- Not to touch any rock or cave formation.
- Not to interfere with cave animals.
- Smoking is not permitted within the cave.
- Food or drink is not permitted within the cave.
- Litter should be placed in the bin outside the cave entrance.
- Tripods are not permitted in the cave. (The use of cameras and flashlights are permitted from cave pathways. However, please be considerate not to hold up the tour party.)
- Please remain with the guided party.

Thank you for your cooperation.

Director
National Parks and Wildlife

洞窟规章，塔斯马尼亚纽德盖特洞的标识

这是保护它们最好的办法。1978 年，他们找到了洞穴所在地的地主卡奇纳家。1984 年，特纳和塔夫茨以及卡奇纳家找到亚利桑那州立公园寻求帮助；1985 年，州长布鲁斯·巴比特被带到洞穴游览；1988 年，州立公园签署了土地租赁协议，秘密得以公开。又经过十年的谨慎规划和建设，洞穴准备就绪向公众开放。

洞窟有两种游程向公众开放：圆形大厅 / 宝座厅游览和大厅游览（2003 年新增），都是精细管理，接待小团队的；两条线路都需要事先预定好，游客被要求在洞窟的网站上了解有关的严格规定。

在游览洞穴时，以下事项都是被禁止的：

- 钱包、手提包、背包、腰包、婴儿背包以及其他物品
- 望远镜或手电筒

卡尔斯巴德洞的绣章，新墨西哥州

芦笛岩，中国桂林

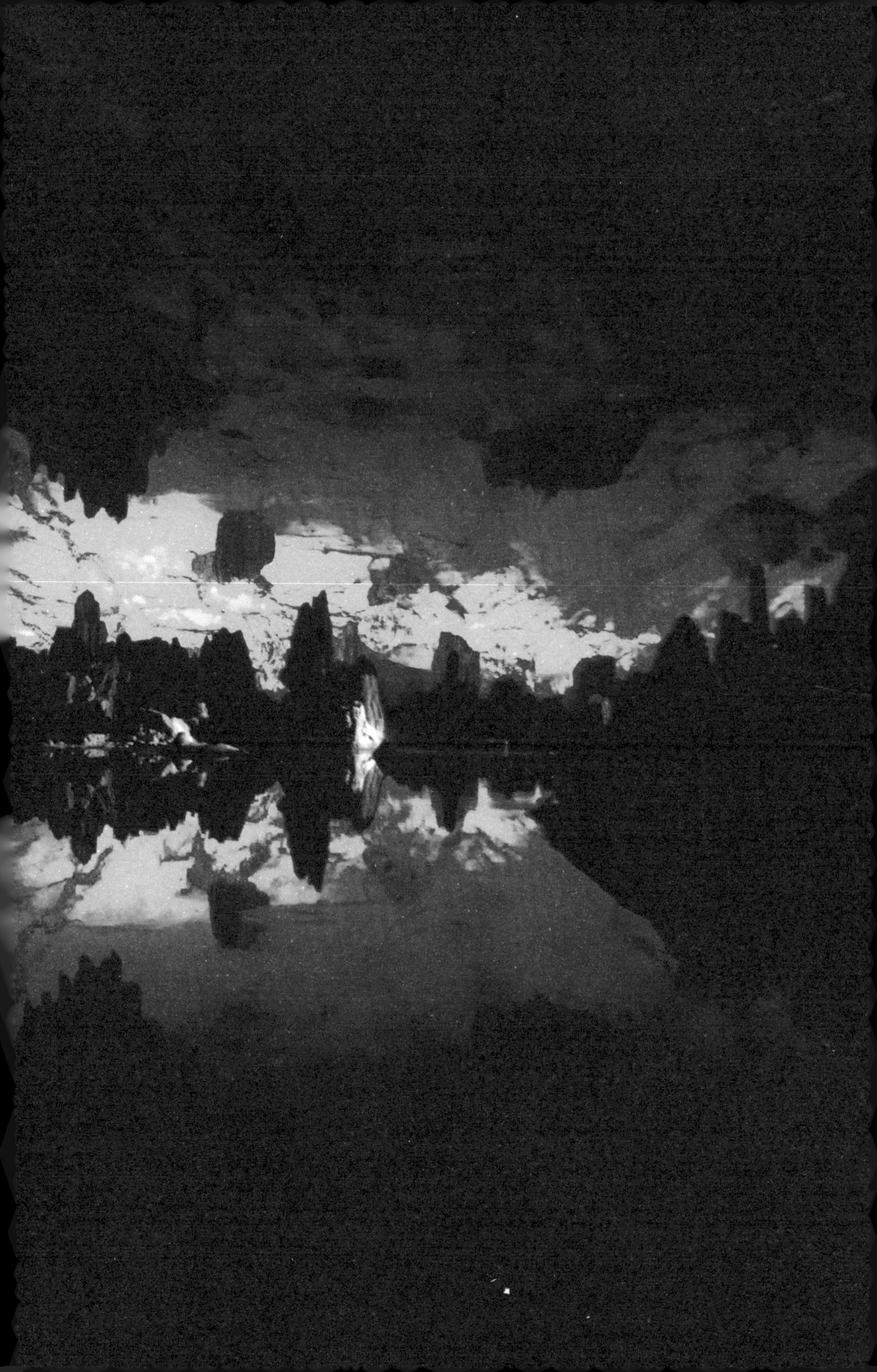

- 照相和摄像装备（包括手机、三脚架和其他电子记录设备）
- 食物、烟草制品和饮料（包括瓶装水）
- 手推车、学步车、拐杖，触摸或损坏设施（依法惩处）
- 扔垃圾或硬币

这些年来世界各地的大多数观光洞窟有游客招致洞穴损坏的迹象，然而卡奇纳洞还是提供机会，让游客能看到最接近原初状态的洞穴。为做到这一点，管理措施必须最大限度减小被游客污染的影响，争取保持洞穴的环境不受破坏。游客进洞穴之前，要经过一系列气闸和水雾设施，用来除去他们身体和衣服上携带的灰尘和棉绒。洞穴里的通道每天都会用水冲洗，来清除游客的头发、皮肤组织和其他身体遗留物，还有衣服留下的棉绒；每天洞中的水都要泵出、过滤、雾化后送回去，以保持洞中的湿度。在卡奇纳洞，游客的观光体验是重要的，但不是至高无上的，洞穴保护和科学才是最优先的。

从 20 世纪中期开始，亚洲各地的喀斯特地区建起了一些引人注目的观光洞窟。然而，遗憾的是，有一些在开放后缺乏必要的保护。老挝的孔罗洞为游客提供了 7.5 千米长地下游船；日本秋芳洞让游客走过一个建筑群，有 500 级台阶的盆缘石灰石池、巨大的石笋和石柱；马来西亚的姆鲁山国家公园目前有四个观光洞窟开放，包括鹿洞，拥有世界上最大的洞穴通道，在那里游客可以观赏到住在洞中的约 300 万只皱唇犬吻蝠在晚间飞离的景象（留下了独特的刺激性气味），在 BBC 的系列纪录片《地球》(2006）的《洞穴》一集中有生动的记录。

在中国，目前约有 200 个观光洞窟向游客开放，其中有很多在贵州、广西、湖南、云南和浙江等喀斯特地区。中国观光洞窟的发展和全球模式是一样的，由导游带领团队经过固定的线路进洞参观。有些洞窟还提供附加项目，像广西桂林附近的芦笛岩，有地下餐饮。这里和附近的还珠洞激发了诗人乌哲鲁·露娜可的灵感，她在 1984 年参观时写道：

“我想我见到了
一条龙口中衔着珍珠，
从洞中飞出。”

在芦笛岩，她不经意地想起了先民，强调洞穴里构造具有故事叙说的潜力：

“蘑菇和各种各样的水果，
蔬菜、动物，
都呈现在眼前。”

欧洲和美国的主要洞窟安装电灯照明都只是间歇式

的，灯光相对微弱和缓，使藻类的生长幅度保持最低，也尽可能让洞窟呈现自然状态（当然在绝对黑暗的情况下没有自然的办法看清洞穴）。在中国北京附近的石花洞是中国非常有名的观光洞窟之一。目前，八层中有四层向游客开放，游客要下到地下 150 米处，在他们两小时的地下游程中，要步行 2.5 千米，穿过 16 个厅。保存完好的洞穴堆积物包括巨大的钟乳石、石笋、两个石盾、一面石旗和一个大型的石帘。整个激动人心的游程犹如在仙境中漫步，让观者感到一种超现实的氛围。

澳大利亚的珍罗兰洞群每年吸引了 25 万多游客，是旅游探险、技术革新、科学研究可以并驾齐驱的一个很好的例子。目前有 10 个洞向普通游客开放：卢卡斯洞、河洞、基耶洞（1952 年前，一直叫帝国左洞）、帝国洞、东方洞、缎带洞、赛博勒斯池子洞、基伯利洞、巴尔庙洞和荨麻洞。卢卡斯洞游一次可接待 65 人，是最受欢迎的洞游；游程的中心环节是游览大教堂洞，这里也能用来举行婚礼和音乐会。赛博勒斯池子洞游，一次接待不超过 8 人，是最少的。除了荨麻洞，其他的洞都有导游。1932 年，荨麻洞关闭，2006 年起开放自助游，提供 11 种语言的解说。与世界各地其他的观光洞窟，包括美国的卡奇纳洞一样，珍罗兰洞也属于一个历史社团——珍罗兰洞历史保护社团，它有自己的网站，不定期出版报纸和小册子。澳大利亚联邦科学与工业研究组织（CSIRO）、澳大利亚博物馆和悉尼大学的科学家与珍罗

银子岩的芋头条罐头，中国阳朔

兰洞基金会合作开展研究，结果表明：珍罗兰洞的历史可以追溯到3.4亿年前，是世界上已知的最古老的洞系。

观光洞窟在20世纪的这些发展使得传统观光洞窟的主题发生了变化：导游（以及自助游）线路、特展活动的基础设施、灯光和设备得到了改进，提供更多的研究链接和机会；引进的洞穴内部的交通工具，在洞外增加了活动。这些“人造的娱乐活动”，正如汉弥尔顿·史密斯说的，“除非它们有特别突出的优点……否则它们不但没有强化，反而分散了对洞穴自然价值的注意力”。很显然，许多观光洞窟附近建造了多种主题公园。

进入 21 世纪，横扫观光洞窟产业的一个风潮就是洞穴冒险活动的出现。目前，世界各地都有一些观光洞窟衍生出一些活动，包括某种形式的洞穴冒险活动。在天平的一端，阿旺阿尔芒溶洞为更有冒险精神的游客提供了新的选项，他们可以像在 1897 年发现这个洞穴的探险家路易斯·阿尔芒和马特尔那样，沿着他们用过的绳子滑到洞里，然后加入那些坐索道下来的游客，继续跟导游一起游览；在天平的另一端，猛犸洞的野外洞穴游对来自地下挑战提出了更高的要求，14 人以下的小团队，长达 6 个半小时，行程 8 千米的地下游程，其中需要长时间爬着通过窄小的通道。目前，珍罗兰洞为游客提供了四种有奖的冒险游览选项，根据难度不同，从入门级的深渊冒险之旅，包含用绳索下滑和挤进狭窄空间，到高技术难度的中央河冒险之旅，是为那些胆大的（有经验的）洞穴探险游客设计的。他们要穿越泥泞的通道，爬着通过狭窄空间，侧身绕过岩石，两次用绳索下滑到地下，全程 7 小时。在塔斯马尼亚，莫尔溪的游客可选择沿着泛光灯照明的固定线路进入马拉库帕洞和所罗门王洞，也可以选择到莫尔溪洞。新西兰是洞穴冒险游的先驱，为人们提供了很多冒险探洞的体验。在怀托莫地区，那里是闻名世界的怀托莫萤火虫洞之家，鲁亚奇瑞洞（新西兰最长的地下游览地）和阿拉努里洞给予寻求冒险刺激的游客很多地下探险活动的选项，比如洞穴滑道（黑水漂流）、缘绳下滑、攀爬、地下狐蝠以及在怀托莫探险中被奇妙地命名为哈格斯雁鸣洞之旅的活动，承诺能让游客感觉好像印第安纳·琼斯（冒险电影《夺宝奇兵》中的角色）在洗衣机里。这些游览活动很关注教育功能，途中导游会分享有关的历史、地质和其他科学知识。

洞穴冒险游的发展模糊了“观光洞窟”和“游客洞穴”这两个词的界限。和观光洞窟一样，游客洞穴收门票，有导游带领；但洞穴未曾开发，或是仅有初步开发以达到安全标准，没有照明、通道或解说这些观光洞窟常见的标记。观光洞窟都是游客洞穴，但游客洞穴不都是观光洞窟。

19 世纪，洞穴探险引发了对洞窟旅游的广泛兴趣，而如今 21 世纪的洞窟旅游重返原有的轨道，为游客介绍探洞运动、探险活动，并通过一系列教育主题活动介绍洞穴科学。管理洞穴的方法改变了，也发展了。全方位的洞穴管理模式，为洞穴提供了更好的环境保护，拉近洞穴和游客之间的距离。反之，洞穴探险游的发展，成功地为游客创造了真正遇见野外洞穴的体验。

未来，随着洞穴旅游的边界不断拓展，人们对洞穴的兴趣只会与日俱增。

著名的洞窟

布拉马比亚洞：1888年6月28日，爱德华·阿尔弗雷德·马特尔经由布拉马比亚洞地下河，穿越法国南部康普里厄高原，许多人认为这标志着现代洞穴的诞生。

水晶坟墓洞（也称为冥界，石头坟墓洞）：在伯利兹，是重要的玛雅文化考古遗址，它包含一个祭祀洞室，里面发现有人类遗存，伴有永久性嵌入洞穴的构成物陶器。

阿尔塔米拉洞：西班牙桑坦德附近，常被认为是洞穴艺术的西斯廷小堂，其中有野生动物的壁画，洞室中装饰有人类手印图形，可追溯到15 000多年前到旧石器时代晚期。阿尔塔米拉Ⅱ号，位于原先洞穴几百米开外的仿制洞，于2001年开放。

阿旺阿尔芒：位于法国洛泽尔省，由马特尔和路易斯·阿尔芒于1897年发现，自1927年向公众开放。1963年起，游客可通过索道下到洞中。

阿旺奥格纳克：位于法国阿尔代什地区，由罗伯特·代·乔利于1935年发现，自1939年向公众开放，是唯一被认证为“法国大景点”的洞系。

巴顿溪洞：在伯利兹的卡约区，是一个热门的观光洞窟和重要的玛雅文化考古遗址。洞中发现的人类遗存和陶器碎片，可追溯至200年。

黑风洞：位于吉隆坡北部的庙宇建筑群，最大的神庙洞，也被称为大教堂洞，装饰华美，要走 272 级台阶才能到达。

蓝洞（巴哈马）：巴哈马奇特的水下洞穴，因洞中深蓝色的水而得名。据估计，巴哈马有 1 000 多个蓝洞。

博斯曼洞（博斯曼斯加特洞）：在南非卡普敦省北部，可达地下约 270 米深处，是世界上最深的淡水洞。在这个洞创下多项洞穴潜水纪录，也夺去了好几名潜水员的生命。

坎戈洞：位于南非西开普省，被认为是 18 世纪晚期发现的，是南非最热门的观光洞窟之一。

游泳者洞：在撒哈拉沙漠的吉尔夫·凯比尔地区，得名于洞壁上描绘游泳者形象的史前岩画。在迈克尔·翁达杰的小说《英国病人》（1992）里，该洞的特点很突出。

肖维岩洞：在法国，于 1944 年发现，是维尔纳·赫尔佐格 3D 纪录片《荷索的秘境梦游》的主题。为防止对洞中珍贵的岩画艺术造成破坏，该洞从未向公众开放。

切达洞：在英国萨默塞特，由 1837 年发现的考克斯洞和 1893 年发现的英国接待参观人数最多的老高夫洞组成。

克利西亚洞：位于希腊帕纳瑟斯山。根据神话传说，这个洞是以女神克利西亚命名的，尊奉牧神潘恩。

奈卡水晶洞（水晶之洞）：坐落在墨西哥奇瓦瓦沙漠奈卡山脉底下 300 米处，以主洞室内发现的巨型石膏晶体而闻名。

克罗勒峰洞系：在法国格勒诺布尔附近，在 1936—1947 年由包括皮埃尔·舍瓦耶和费尔南德·佩茨尔在内的洞穴探察队进行了广泛地勘察。当时，它是世界最深的已探知洞穴，达 658 米。

冰洞：位于奥地利维尔芬，是世界上最大的冰洞。由天然石灰岩冰冻形成的，超过 42 千米长，每年吸引两百万游客。

芬戈尔洞：在苏格兰斯塔法岛上，像大教堂样子的洞窟，有独特的六边形玄武岩石柱。该洞为 19 世纪的艺术家带来了灵感，其中有门德尔松，他 1829 年来岛上参观后，写下了广为人知的作品《芬加（戈）尔洞序曲》。

弗林特岭洞系：位于美国肯塔基州，1972 年与猛犸洞穴连通，使猛犸–弗林特洞系成为世界最长的洞系。

盖平吉尔洞：在约克郡，是英国最深的坑洞，深 111 米。盖平吉尔升降机每年运行两次，可以让非专业的探洞者到达洞底。

古夫尔贝热洞：法国洞穴，于 1953 年发现，保持了世界最深洞穴纪录长达 10 年时间。近年来，该洞夺走了 6 名探洞者的生命，其中有 5 起致命事故是由突然涌进洞中的洪水导致的。

帕迪拉克洞：在法国洛特区，在 1889 年，爱德华·阿尔弗雷德·马特尔最先下到洞中，目前是法国观光客最多的洞穴。

蓝洞（意大利）：意大利卡普里海滨的海洞，以深蓝色的水光著称，是海水涌入地下洞室造成的。

韩松洞：在越南广平省，由霍华德和德布·林博特于 2009 年发现的，是世界上最大的洞穴之一。

杰塔石窟：在黎巴嫩，由两个独立但相互连接的洞穴组成的洞系，上层洞穴中有一个被认为是已知的世界最大的钟乳石。该洞史前时期有人类居住过，目前是黎巴嫩最知名的景点之一。

珍罗兰洞群：在澳大利亚新南威尔士，是迄今已知的世界最古老的洞系。目前，洞系中很多地方只有探洞者能进入，但有 10 个洞穴已经进行了旅游开发，每年有超过 25 万的游客到访。

卡奇纳洞群：在美国亚利桑那州，在 1974 年由加里·特纳和兰迪·塔夫茨发现，两人在之后14年里，对该洞的位置秘而不宣。1999年，该洞对公众开放，为观光洞窟设定了运用高科技保护管理的新标准。

卡祖姆拉洞：在夏威夷，是世界上最长的连续火山熔岩通道，是400—600年前，随着基拉韦厄火山喷发，熔岩经过后形成的。

库鲁伯亚拉洞：位于格鲁吉亚的阿布哈兹，是世界上迄今已知的最深洞穴，达2 197米。洞穴被比作倒过来的珠穆朗玛峰。

拉斯科洞：在法国南部蒙蒂尼亚克附近，以旧石器时代描绘动物的洞穴壁画著称，可追溯至15 000年前。1948年，该洞作为观光洞窟向公众开放，为防止对壁画造成损害，于1963年关闭。1983年，在该洞旁边开放了拉斯科Ⅱ号洞，这是一个完全复制拉斯科洞主要特征的洞穴。

莱切吉拉尔（龙舌兰）洞：位于美国新墨西哥州卡尔斯巴德洞穴国家公园，是世界上第五长的洞穴。该洞以稀有的洞穴化学淀积物著称，有大量的石膏和硫矿床。该洞仅限科学研究、探察和探险队进入。

马基里斯阿尔金洞：位于阿曼的塞尔马高原，就1985年测得的地面面积而言，是世界第二大洞穴，不过在这之后，又有几个更大的洞穴被探察到。

猛犸洞：在美国肯塔基州，是猛犸-弗林特洞系的组成部分，世界上最长的洞穴，自1816年起向公众开放；1842年由奴隶史蒂芬·毕肖普绘制了详细的地图，他于19世纪40年代到19世纪50年代在洞中担任导游。

大理石拱洞群：在北爱尔兰弗马纳郡，是联合国教科文组织认证的大理石拱洞全球地质公园的核心地区。在该洞地下河中，有电动船运送游客。

姆鲁洞群：在马来西亚沙劳越的姆鲁山国家公园，是世界奇观之一。自 1978 年起，进行了广泛探察，最近的探险确认沙劳越洞室是世界上最大的地下洞室，鹿洞有已知最大的洞穴通道。

纳拉寇特洞群：在澳大利亚，该洞 50 多万年来成为捕捉动物的陷坑，提供了澳大利亚最完整的化石。1994 年，洞中化石包括类似袋熊的双门齿兽属巨型动物、袋狮和巨型袋鼠，其重要性得到认可，该洞被联合国教科文组织列入世界遗产名录。

纽德盖特洞：在塔斯马尼亚，是澳大利亚最大的白云石观光洞窟，是黑斯廷斯洞穴国家保护区的一部分。

文石洞：在斯洛伐克，于 19 世纪晚期发现，是欧洲唯一的水晶观光洞窟。自 1972 年向公众开放，1995 年被联合国教科文组织列入世界遗产名录。

帕隆洞：在澳大利亚，包含了卡拉卡艺术，特点是在洞壁上有很深的雕刻印记。

峰洞：德比郡卡斯尔顿四个观光洞窟之一，峰区最大的洞穴，也被称为“恶魔之箭”，有不列颠群岛最大的洞穴入口，直到 1915 年，都是“穴居者”之家。

波斯托伊那洞：斯洛文尼亚最佳旅游景点之一，也是世界最知名的观光洞窟之一，1819 年起向公众开放；1872 年，第一辆洞穴火车运行，1884 年增加了电灯照明。

普林塞萨港地下河洞窟：在菲律宾，包括一个巨大的 300 米圆形洞顶和 8.2 千米长的地下河，直接汇入中国南海。

芦笛岩：在中国桂林，以奇特非凡的喀斯特地貌使该地区成为观光热点；70 处洞壁上的题词中，最早的可追溯到唐朝，792 年。

双眼洞：墨西哥天然井公园，由同一个大山洞上的两个天然井（洞顶塌陷形成的落水洞）组成。20 世纪 80 年代晚期，这个水淹洞系被发现，目前仍是世界上最长的水下洞系之一。不少纪录片和电影是在这里拍摄的，包括《洞窟》(2005)。

斯科契扬溶洞：在斯洛文尼亚，是欧洲最长的地下湿地喀斯特地形。它以体积巨大的地下河道著称，有些地下洞室的尺寸很大，其中的马特尔洞是欧洲最大的地下洞室。

索夫奥马尔岩洞群：埃塞俄比亚可能是非洲最长的洞系。被一些宗教视为神圣的地方，岩洞群也以在柱石洞发现的粗石柱丛而闻名。

三郡洞系：跨越英格兰坎布里亚郡、兰开夏郡和北约克郡三县的洞系，于 2011 年最后连通，是英国最长的洞系。

怀托莫洞群：位于新西兰怀托摩，包括是鲁亚奇瑞洞和阿拉努里洞以及世界闻名的萤火虫洞，因洞中的萤火虫得名，在洞中发现了大量新西兰当地特有的会发光的双翅目动物。

朱迪斯洞：在塔斯马尼亚，是澳大利亚最长的河洞，巨大的洞室中装饰有岩画艺术、20 个模板和赭红色印痕，可追溯至冰河世纪。

白疤洞：在约克郡，是英国最长的观光洞窟，由克里斯多夫 · 朗于 1923 年发现。景点包括瀑布、流石和英国最大的山洞，即巨大的战地洞。

致 谢

本书的研究和写作过程因数次获得学术休假的许可而加快了进展。我们要感谢塔斯马尼亚大学在此书研究和写作期间批准学术休假，并为多次走访洞穴、举行研讨会、查阅档案资料等提供资金。我们也要向艺术学院艺术和环境研究小组表示感谢，他们为复制插图的许可费提供了资金支持。

我们在 UTAS（英语项目）的同事是洞穴学探险之旅的耐心听众，尤其是我们和伊丽莎白·利恩讨论了她对于章节提纲的反馈意见。我们感谢莫里斯·米勒图书馆资料检索部门的瑞秋·亚当斯提供的帮助，她为我们从冷僻的书里找到插图。

我们要感谢艾勒里·汉弥尔顿–史密斯慷慨地分享有关洞穴的知识，戴比·亨特的探洞旅程，布莱德探洞俱乐部有关拉尔夫·克莱恩下探盖吉尔洞的经历，理查德·威廉斯为洞穴大事记摄影，史蒂芬·弗莱切为一个洞穴的横截面制图。我们的家人在这本书写作的过程中给予了极大的热情和耐心，他们也数次和我们一起愉快地经历了地下之旅。

最后，我们感谢迈克尔·黎曼和丹尼尔·艾伦给了我们参与其中的机会，感谢 Reaktion Books（瑞科图书）出版社的团队将书出版。